樹木繁殖器官の物質収支

果実の成長と呼吸・光合成のバランス

小川一治 著

上：ヒノキの種子、左：ヒノキの芽生え、右：ヨーロッパアカマツの芽生え

海青社

1　主な成育域における樹木や森林

1-1 ①　スウェーデン（北方林）／混交林

スウェーデン農科大学（SLU）ビンデルン（Vindeln）実験基地内のヨーロッパトウヒとヨーロッパアカマツの混交林（濃緑色：ヨーロッパトウヒ、淡緑色：ヨーロッパアカマツ）　右下：ヨーロッパアカマツの幹の成長と呼吸との関係の解明のため枝打ち処理をしている様子（Ogawa 2006）

1-1 ② スウェーデン(北方林)／ヨーロッパトウヒ林

スウェーデン農科大学(SLU)フロッカリーデン(Flakaliden)試験地の31年生ヨーロッパトウヒ人工林(Linder and Flower-Ellis 1992; Linder 1995; Bergh *et al.* 1999)
(a)全景　(b)施肥タンク　(c)伐倒された地上部
(d)掘り起こされた地下部

1-1③　スウェーデン(北方林)／ヨーロッパアカマツ林

スウェーデン農科大学(SLU)ヤーデロース(Jädraås)試験地の120年生ヨーロッパアカマツ人工林
(Flower-Ellis *et al.* 1976; Axelsson and Bråkenhielm 1980; Linder *et al.* 1980)
(a)全景 (b)林床 (c)林内 (d)気象観測タワー

1-2①　マレーシア(熱帯域)／ドリアン

マレーシア農科大学(UPM)構内のドリアン試験地
ドリアンの試料木の樹高は8 m、胸高幹直径は25.0～34.1 cmであった。

1-2②　マレーシア(熱帯域)／ジャックフルーツ

マレーシア農科大学(UPM)構内のジャックフルーツ試験地　ジャックフルーツもドリアンと同様に果実などの繁殖器官は幹から直接開花および結実する幹生花である。

1-3　沖縄本島(亜熱帯域)／マングローブ林

沖縄本島におけるマングローブ(樹種：メヒルギ(*Kandelia candel*))林(Khan *et al.* 2004)
(a)遠景　(b)近景　(c)干潮時の林内の様子

1-4①　日本の本州(温帯域)／ヒノキ林

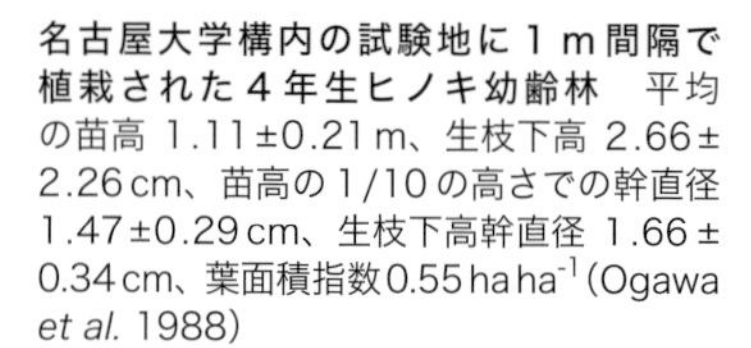
名古屋大学構内の試験地に１ｍ間隔で植栽された４年生ヒノキ幼齢林　平均の苗高 1.11±0.21 m、生枝下高 2.66±2.26 cm、苗高の 1/10 の高さでの幹直径 1.47±0.29 cm、生枝下高幹直径 1.66±0.34 cm、葉面積指数 0.55 ha ha^{-1} (Ogawa *et al.* 1988)

段戸国有林内(愛知県新城市)の58年生ヒノキ人工林　(a)全景　(b)伐倒している様子　(c)伐倒後の林冠の様子。樹高 16.1〜20.1 m、胸高幹直径 16.6〜29.3 cm(Hagihara *et al.* 1993)(写真提供:名古屋大学造林学研究室)

1-4 ② 日本の本州(温帯域)／クスノキ

名古屋大学構内に植栽されたクスノキ試料木 左：樹高 11.0 m、胸高幹直径 29.3 cm(Ogawa and Takano 1997; 磯村 1997; 奥山 1997) 右：樹高 11.5 m、胸高幹直径 44.6 cm(伊藤 2002; Imai and Ogawa 2009; 山内 2013)(右／撮影：今井俊輔氏)

1-4 ③ 日本の本州(温帯域)／アオキ

名古屋大学構内の二次林の林床に生育するアオキ試料木(今井 2008、樹高 1.73～1.88 m、地際幹直径 2.4～2.8 cm)(撮影：今井俊輔氏)

2　花芽、花、果実や球果の繁殖器官（序章および1章参照）

2-1 ①　スウェーデン（北方林）／ヨーロッパトウヒ

ヨーロッパトウヒ　(a)上部に球果を付けたヨーロッパトウヒ　(b)緑色の球果　(c)紫色の球果（Koppel *et al.* 1987）（b・c／写真提供：スネ・リンダー教授）

2-1 ②　スウェーデン（北方林）／ヨーロッパアカマツ

ヨーロッパアカマツの球果（Linder and Troeng 1981）（写真提供：スネ・リンダー教授）

2-2① マレーシア(熱帯域)／ドリアン

マレーシア農科大学(UPM)構内の試験地に生育するドリアンの繁殖器官　(a)花芽　(b)花　(c)果実
(e.g. Ogawa *et al.* 1995a, 2005a, b)

2-2② マレーシア(熱帯域)／ジャックフルーツ

マレーシア農科大学(UPM)構内の試験地に生育するジャックフルーツの繁殖器官　(上)成長初期の果実
(下)成長後期の果実

2-3　沖縄本島(亜熱帯域)／マングローブ

沖縄本島に生育するマングローブ(樹種：メヒルギ)の母樹から垂れ下がるメヒルギの種子(胎生種子)(Khan *et al.* 2004)

2-4①　日本の本州(温帯域)／ヒノキ

(a)名古屋大学構内の試験地に植栽された4年生ヒノキ幼齢木の球果　平均直径 0.66±0.12～0.78±0.08 cm、平均乾重0.065±0.029～0.094±0.026 g、平均生重0.247～0.343 g、乾重／生重比0.26～0.28(Ogawa *et al.* 1988)

(b) ヒノキの種子　1つの種子の平均乾重は3.12±0.92 mg (*n*=200)(小川 1988)

2-4 ②　日本の本州（温帯域）／クスノキ

名古屋大学構内構内に植栽されたクスノキの繁殖器官（Ogawa and Takano 1997; Imai and Ogawa 2009）（a）花芽と花　(b)果実　(c)成熟した黒紫色の果実。この成熟したクスノキの果実の内部は一部緑色でクロロフィルを含み（0.068 mg g $\mathrm{d.wt}^{-1}$），光合成をしている（Ogawa and Takano 1997）（撮影：今井俊輔氏）

2-4 ③　日本の本州（温帯域）／アオキ

名古屋大学構内の二次林の林床に生育する低木アオキの繁殖器官　(a)花芽　(b)花　(c)果実　(d)成熟期の果実（今井 2008）（撮影：今井俊輔氏）

3　CO_2 ガス交換測定（2 章参照）

3-1　切断法

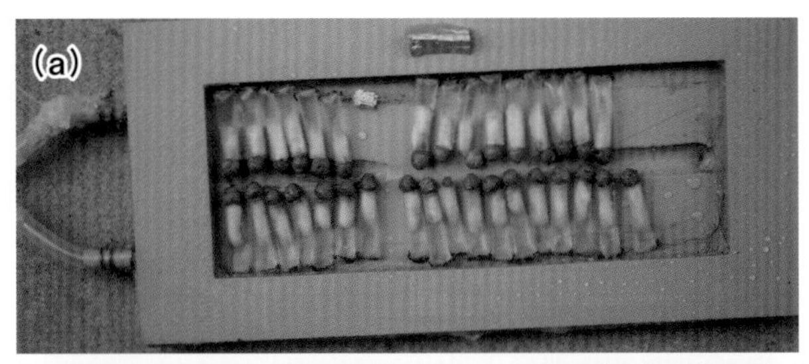

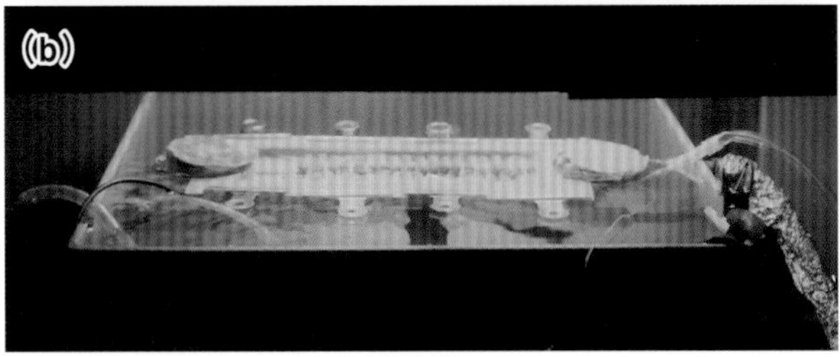

ヒノキ球果を用いた切断法
(a)給水管に球果を挿し同化箱にセットした様子　(b)同化箱を水槽に浸し、上部から照射し、光合成を測定している様子（Ogawa *et al.* 1988）

3-2①　インタクト法／繁殖器官

ドリアンの果実を用いたインタクト法による CO_2 ガス交換測定
(a) 同化箱　(b)テント内の測定装置　(c)測定の全景
（Furukawa *et al.* 1996）

LI-6400 によるクスノキの果実の光合成測定(インタクト法)　チェンバーには数個のクスノキ果実がセットされた(Imai and Ogawa 2009)(撮影：今井俊輔氏)

3-2②　インタクト法／シュート

ヨーロッパアカマツ(Linder *et al.* 1980)
(写真提供：スネ・リンダー教授)

ドリアン：果実で使用した同化箱がシュートにも用いられた（Furukawa *et al.* 1996）

3-2③　インタクト法／幹

スウェーデン農科大学（SLU）ビンデルン（Vindeln）実験基地内での携帯用測定装置ADCを用いたヨーロッパアカマツの幹の呼吸測定（Ogawa 2006）および光合成による CO_2 再固定速度測定（Tarvainen *et al.* 2018）（撮影：トーマス・ルンドマーク教授）

樹木繁殖器官の物質収支

果実の成長と呼吸・光合成のバランス

目　次

口　絵

＊本書中で撮影者/提供者が明記されている写真以外は、著者が撮影したものです。

序　　章

森林樹木の繁殖に関する生態学的側面を取り扱った書物はよく目にする。しかし、繁殖器官の成長過程に着目し、生理生態学的側面から光合成・呼吸をとらえ、物質収支の観点からその成長過程について論じた書籍は希で、目新しい。この本により、繁殖器官の物質収支を考慮することで、母樹である樹木の成長や物質生産をより深く理解することができるように思われる。

繁殖とは、生物が自分の子を作り育てる行為で、その過程で、生物は自分の遺伝子をできるだけ多く次世代に残そうと努力している(菊沢 1995)。植物は動物とは違い固着性であり、みずから動き回って餌をとることはできない。葉による光合成により、物質を生産し、母樹である樹体の成長を促し、繁殖を行っている。寿命の長い樹木にとっては、繁殖は生涯何度もおこり、重要なイベントといえる。また、母樹にとって繁殖は物質収支の観点からは大きな負担となる。繁殖によりどれだけの光合成産物が余分に投資されたかを知るには光合成・呼吸測定による生理生態学側面の研究が不可欠である。

本書は、著者の大学院時代の後半に始まった樹木の繁殖器官の光合成・呼吸の測定からの研究結果の紹介である。この当時、後に著者が客員研究員として研究留学するスウェーデン農科大学(略称SLU、英名Swedish University of Agricultural Sciences)のスネ・リンダー(Sune Linder)教授(現・名誉教授)のグループが発表したヨーロッパアカマツの球果の光合成・呼吸の論文において葉とは違う二酸化炭素(CO_2)の収支バランスの不思議さに興味を持ち、著者もまた日本でヒノキの球果について同様の測定を行い、学会で発表し、論文にしたのが始まりである。

その後、大学に職を得、学部生や大学院生らとともにいくつかの樹木について今日まで測定、研究を実施し、繁殖器官に関する一連の研究を進展させてきた。この中で、新しい発見は繁殖がどの程度葉の光合成生産で補われているか、その負担を定量的に明らかにしたことである。なお、30年弱の年月が経ているが、測定機器の進歩はすさまじく、測定方法についても本書で触れる。

また、この間、熱帯林生態系の修復をテーマとして、日本の国立環境研究所(NIES)が中心となったマレーシア森林研究所(FRIM)、マレーシア農科大学(現マレーシア プトラ大, UPM)とのマレーシア・日本共同プロジェクトが始まった。著者もその共同プロジェクトに参加する機会を得、熱帯においても同様に繁殖器官における物質収支に関する研究を遂行し、研究の領域を拡張し、幅を広めた。特に、転流などの物質移動とその通り道となる果軸サイズとの関係や成長曲線の誘導という研究は、日本のような温帯域に比べ、1年を通じてそれほど成育環境が変わらない成長休止期のない、熱帯という環境でしか得られなかったと言える。

このような著者の研究の流れの中で書かれたのが本書の概要であり、学部・大学院生を対象に、講義内容としても通用するように分かりやすく書くよう努めた。この本をきっかけに学生の皆さんが森林のみならず繁殖器官においてもその物質収支の不思議さや面白さに興味を持ち、その方面の研究が盛んとなれば幸いである。

本書の内容は、まず第1章で植物の基本的現象である成長を繁殖器官について紹介する。次いで、第2章から第6章で繁殖器官の光合成と呼吸に焦点をあてる。その測定方法は第2章で、光合成と呼吸の日変化と季節変化については第3章で紹介する。また、環境応答反応である光合成の光反応と温度反応は第4章で、呼吸の温度反応は第5章で、さらに、呼吸のサイズ依存性を第6章で述べる。以上の成長と光合成・呼吸の結果から得られた繁殖器官における転流量の量的バランスについて第7章で紹介する。第7章の内容は、第8章における繁殖器官における物質の移動と果軸サイズとの間の関係や、第9章の成長曲線の誘導に発展する。

ここで、本論に入る前に本書の研究対象とした樹木の繁殖器官について、その名称の定義と分類学的特徴、繁殖器官の色と生育期間および物質収支について触れておく。

(1) 繁殖器官の名称と分類学的特徴

樹木の繁殖器官は花芽(かが)(flower bud)、花(flower)、果実(fruit)または球果

(cone)の総称をいう。球果は針葉樹の実を果実と区別していうが(橋詰ほか 1998)、特にマツ類などの円錐形の球果を英語ではstrobilusと呼ぶ場合がある(Linder and Troeng 1981, 口絵ix)。

なお、クスノキやアオキなどの花は分類学上、花をつけた複数の茎の集団という概念より花序(かじょ)(inflorescence)と区別される場合がある(熊沢 1980, 口絵xii)。また、ドリアン、ジャックフルーツなどの熱帯多雨林の樹種においては幹や太枝などから直接花芽をだして開花・結実する幹生花(cauliflory)と呼ばれるものがある(口絵x)。

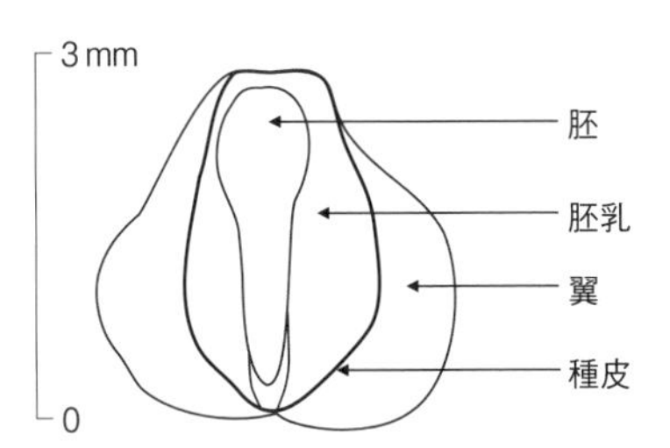

図序-1. ヒノキの種子の縦断面図
(鈴木・小林 1981)

果実や球果が成熟すると内部に次世代の源となる種子が形成される(口絵xi)。ヒノキの場合、種子は翼(wing)、種皮(seed coat)、胚乳(endosperm)、胚(embryo)から構成されている(**図序-1**, 鈴木・小林 1981)。1つの種子全体の平均乾重(± SD)は3.12 ± 0.92 mg、翼と種皮の平均乾重は2.43 ± 0.61 mgとなった。したがって、発芽に直接関係する胚乳と胚の平均乾重は0.69 mgと推定される(**表序-1**, 小川 1988)。

表序-1. ヒノキの種子の重さ(小川 1988)

	全体 (翼+種皮+胚乳+胚)	翼+種皮	胚乳+胚
n	200	231	—
平均値 [mg d. wt]	3.12	2.43	0.69
標準偏差(SD) [mg d. wt]	0.92	0.61	—

通常、この種子が地上に散布され、発芽し次世代が更新する。ただし、マングローブの類(メヒルギ・オヒルギなど)では結実後もしばらく果実が母体(母樹(ぼじゅ))に止まり、そこで種子が発芽して幼植物となる。このような種子を胎生種子(viviparous seed)という(口絵xi)。

(2) 繁殖器官の色と生育期間

樹木の繁殖器官のなかで花芽と果実または球果は成熟するまで緑色で、クロロフィルが含まれている（第2章、口絵ix～xii）。このクロロフィルの存在により、繁殖器官も葉と同様に光合成を行うことができ、CO_2を器官内に取り込んでいる。ただし、ヨーロッパトウヒでは緑色の球果のほかに紫色の球果も存在し、緑色の球果と同様にクロロフィルを含んでいる（Koppel *et al.* 1987, 口絵ix）。

また、花による光合成はいくつか報告がされており（第3章参照）、クロロフィルが含まれていることがうかがわれる。クスノキにおいても、葉柄（petiole）、花托（receptacle）、花弁（petal）を含む花序の大部分は緑色である（Imai and Ogawa 2009, 口絵xii）。

繁殖器官の生育が進んで成長していくと、ついには成熟する。ヨーロッパアカマツの球果などでは成熟するまでに2年かかり、成熟すると茶褐色に変色し（Linder and Troeng 1981）、クロロフィルは含まれなくなる（Wang *et al.* 2006）。なお、多くの樹種では成熟するまでの期間は当年（1年以内）である。クスノキの果実やアオキの果実では成熟すると黒紫色や赤色に変色し、クロロフィル含量は低下する（Ogawa and Takano 1997, 口絵xii）。

(3) 物質収支

樹木を含む植物の基本的特徴の一つに成長という現象がある。植物成長の定量的解析は植物生態学はもちろんのこと森林生態学の分野においても重要な研究課題である（e.g. Watson 1952; 篠崎・穂積 1960; Evans 1972; Hunt 1978, 1982, 1990）。

植物成長の定量的解析法の代表的な方法の一つに、デンマークのボイセン・イェンセン（Boysen Jensen）を先駆者とする学派がある。この学派は樹木を対象として、植物の生理的特質である光合成と呼吸に注目して、植物の成長が光合成による二酸化炭素（CO_2）の取り込み量と呼吸によるCO_2の放出量の差と等しいことに着目し、物質生産の見地から解析した（cf. Boysen Jensen 1932; Möller *et al.* 1954）。

このような物質収支の定量的解析法は今なお植物の成長を考える上で基本的概念として根本をなしている。本著はこのような物質収支の見地から、樹木の繁殖器官の光合成と呼吸を測定し、物質経済の面から樹木の繁殖器官の成長をとらえた(第3章～第6章)。

しかし、植物体のある器官の物質収支を考えた場合、他器官からの物質の移動である転流(translocation)を考慮する必要がある(Leopold 1964; Leopold and Kriedemann 1975)。繁殖器官の成長は母樹からの転流により補われていることから、母樹の成長と繁殖器官の成長は密接な関係があるだろうと予測した。本著では繁殖器官における転流量を算出し、成長量との量的バランスより母樹の成長曲線を導き出すことに発展する(第7章～第9章)。

第1章　成　　長

1.1.　形　　態

繁殖器官である果実や球果などは丸いものや細長いものなどその形は様々である(口絵ix～xii)。また、同じ樹種の中でも大きさは様々で大小の差がある。このような形態の違いは種間や種内でどのような共通的特徴があるのであろうか。

図1-1は数種の樹木について果実や球果の短径D_Sと長径D_Lとの関係を両対数軸上に示したものである。両者の間には下式で示される直線で近似され、相対成長関係が成立する。

$$D_S = g_1 D_L^{h_1} \qquad (1.1)$$

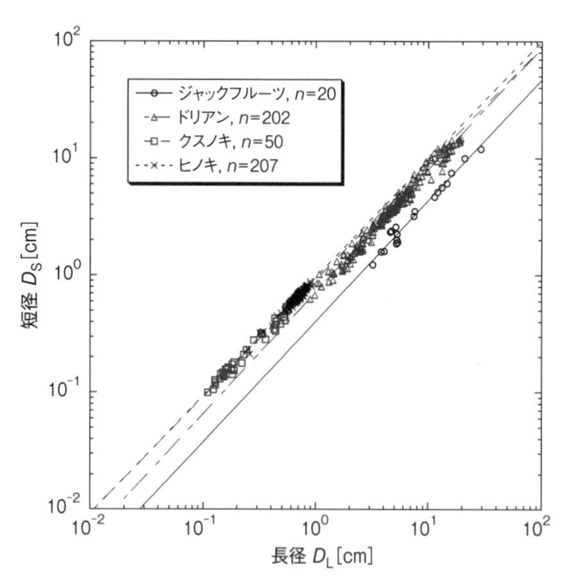

図1-1. 果実や球果の短径D_Sと長径D_Lとの関係
図中の回帰直線は(1.1)式を示す。

表 1-1.（1-1）〜（1-3）式の相対成長式の係数と決定係数の値

学名	和名	(1-1)式 D_S-D_L関係			(1-2)式 w-D_SD_L関係			(1-3)式 V-w関係		
		g_1	h_1 [cm^{1-h_1}]	R_2	g_2	h_2 [$g\ cm^{-2h_2}$]	R_2	g_3	h_3 [$g\ cm^{-3h_3}$]	R_2
Artocarpus heterophyllus	ジャックフルーツ	0.403	1.031	0.984	—	—	—	—	—	—
Durio zibethinus	ドリアン	0.719	1.043	0.968	0.105	1.449	0.900	0.233	1.010	0.852
Cinnamomum camphora	クスノキ	0.904	0.996	0.982	0.114	0.920	0.973	—	—	—
Chamaecyparis obtusa	ヒノキ	0.954	1.010	0.918	0.150	1.346	0.941	—	—	—

相対成長係数h_1の値はどの樹種でもおおよそ1（ジャックフルーツ$h_1 = 1.031$, ドリアン$h_1 = 1.043$、クスノキ$h_1 = 0.996$、ヒノキ$h_1 = 1.010$）となり（**表 1-1**）、短径と長径は比例関係にあり、短径／長径比は種内で一定となる。このことは、種ごとに果実や球果は大きさが異なっても相似形を維持していることがわかる。

また、係数g_1（**表 1-1**）は樹種ごとの平均的な短径／長径比を示すが、繁殖器官の形が球形であると1に近い値を示し、細長くなると1より小さい値を示す。このことから、形の丸いヒノキの球果（口絵xi, $g_1 = 0.954$）やクスノキの果実（口絵xi, $g_1 = 0.904$）ではg_1の値がほぼ1であり、細長くなるにしたがって、g_1の値は1より小さくなり、ドリアン（口絵x, $g_1 = 0.719$）やジャックフルーツ（口絵x, $g_1 = 0.403$）の果実では回帰直線は下方に平行移動する。

同様の解析が（1.1）式に基づいてドリアンの葉についてもなされ、葉の相似性がみうけられている（Ogawa *et al.* 1995）。

1.2.　果実重と果実直径、果実体積との関係

樹木の果実や球果の重さwとその短径と長径との積D_SD_Lとの間に下式のような相対成長関係が成立する（**図 1-2**）。

$$w = g_2(D_SD_L)^{h_2} \qquad (1.2)$$

相対成長係数h_2は、ドリアンの果実で1.449、クスノキの果実で0.920、ヒノキ球果で1.346となる（**表 1-1**）。

また、ドリアンの果実重wと果実体積vとの間には下式のような相対成長関

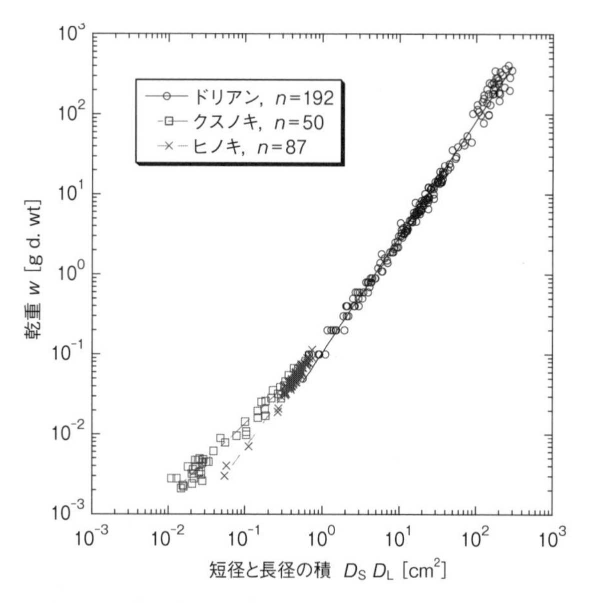

図 1-2. 果実や球果の乾重 w とその短径と長径との積 $D_S D_L$ との関係
図中の回帰直線は(1.2)式を示す。

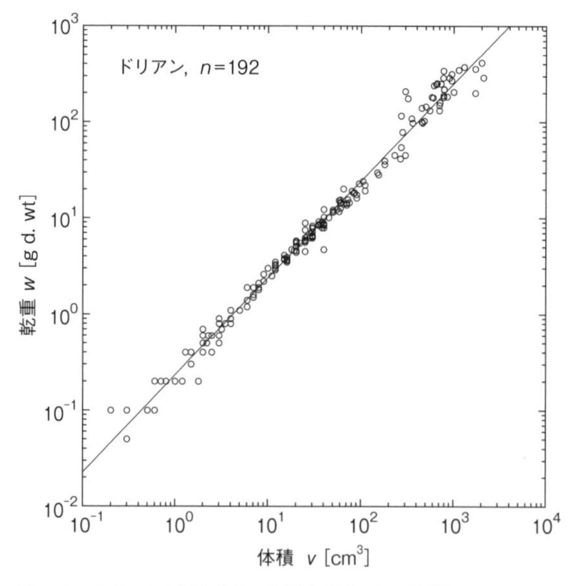

図 1-3. ドリアンの果実乾重 w と果実体積 v との関係(Ogawa *et al.* 2007)
図中の回帰直線は(1.3)式を示す。

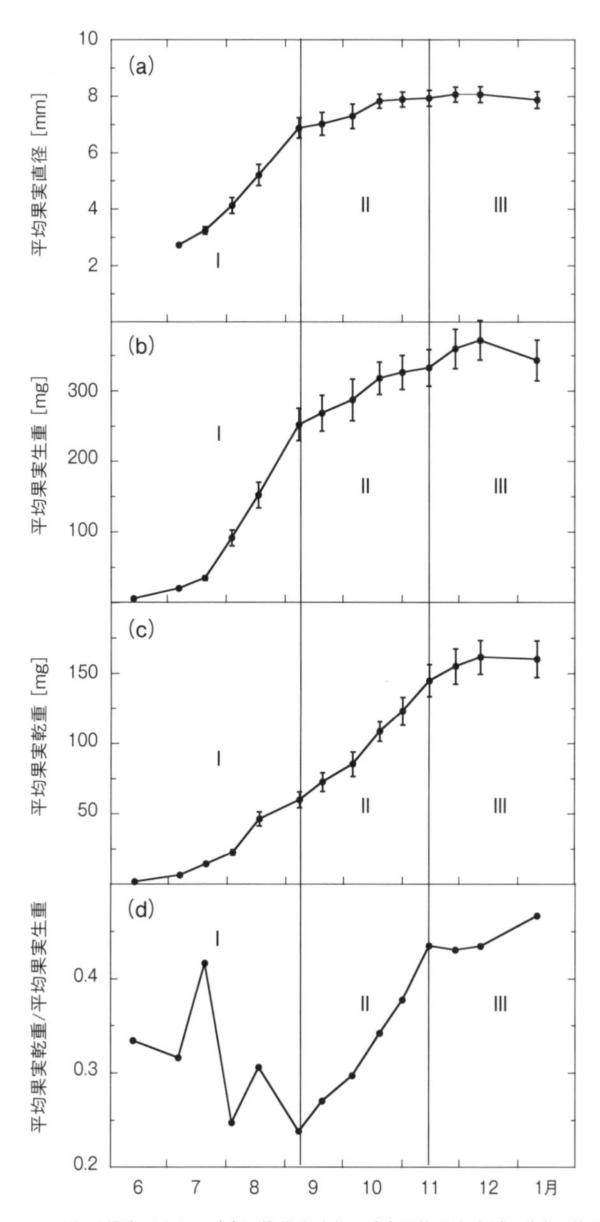

図 1-4. クスノキの果実における (a) 平均果実直径、(b) 平均果実生重、(c) 平均果実乾重、(d) 平均果実乾重／平均果実生重比(Imai and Ogawa 2009)

I〜III：果実の成長段階。エラーバー：± SE。

係が成立する(**図1-3**)。

$$w = g_3\ v^{h_3} \tag{1.3}$$

(1.3)式において相対成長係数h_3は1に近いことから(**表1-1**参照)、ドリアンの果実の比重w/vは果実の大きさに関係なく一定であることが分かる。

1.3.　直径成長と重量成長

クスノキの果実成長はCoombe(1976)が指摘したように3つの成長段階に分けられる(Ogawa and Takano 1997; Imai and Ogawa 2009)。最初の第1相は果実の直径が増加することによって特徴づけられる(**図1-4a**、第Ⅰ相)。この段階では乾重／生重比は減少し、果実内の含水量が増加する。第2相は直径成長の減速と果実乾重のさらなる増加であり(**図1-4bc**、第Ⅱ相)、乾重／生重比の増加によって特徴づけられ、これは後述する種子形成と関係する。最後の第3相は乾重／生重比が安定し(**図1-4d**、第Ⅲ相)、果実が成熟のためその色が緑色から黒紫色に変わり始める時期と一致する。

植物重、特に乾重の成長曲線はシグモイド型を示し、ロジスティック曲線などで近似されるのが一般的である。しかし、クスノキを例とすると、その果実重の成長曲線は、特に乾重において直線的である(**図1-4c**)。これは成長速度

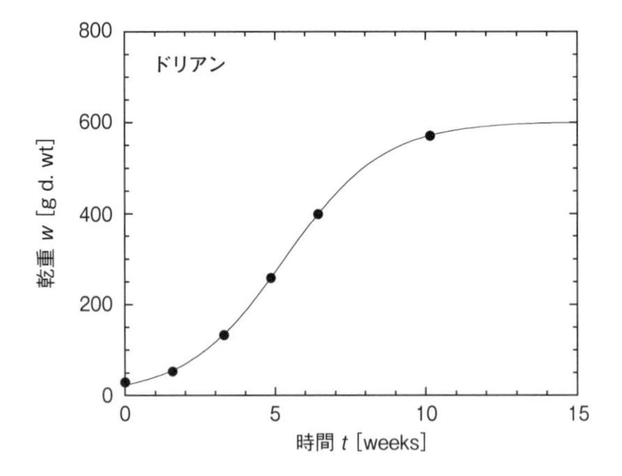

図1-5.　ドリアンの果実乾重wの成長曲線(Ogawa *et al.* 2005)
図中の曲線はロジスティック曲線を示す。

の季節変化が二山型であることと起因する。前半のピークは果肉形成のためで、後半のピークが種子形成に相当する(**図7-2b**参照)。このように、種子重の果実重に占める割合の大きいクスノキの場合、種子形成により果実重の成長速度が二山型となるため、その成長曲線は直線的になると考えられる。

また、これとは対照的に種子重が果実重に占める割合の小さいドリアンなどの果実ではその果実乾重の成長曲線はシグモイド型のロジスティック曲線で近似される(**図1-5**, Ogawa *et al.* 2005a)。

1.4.　繁殖が母樹の成長に及ぼす影響

繁殖の程度は、母樹間および母樹内でそれぞれ比較可能である。母樹間は母樹毎に繁殖器官数を数えることで、また、母樹内は例えば枝毎に繁殖器官数を数えることで、その繁殖の程度が比較可能である。

図1-6にヒノキを例にとりその球果数を母樹毎に数えることにより母樹サイズ(生枝下高幹直径)との関係を示した。両者との間には有意な正の相関($r = 0.40$, $P < 0.01$, $n = 103$)がみられたが、最大の幼齢木を除外すると有意な相関はみられなかった($r = 0.15$)。同様の傾向が球果数と樹高および樹高の1/10の

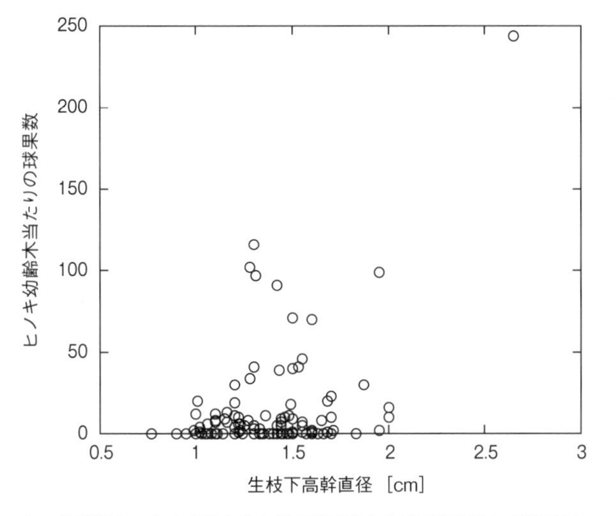

図1-6. ヒノキ幼齢木における単木あたりの球果数と生枝下高直径との関係(Ogawa *et al.* 1988)

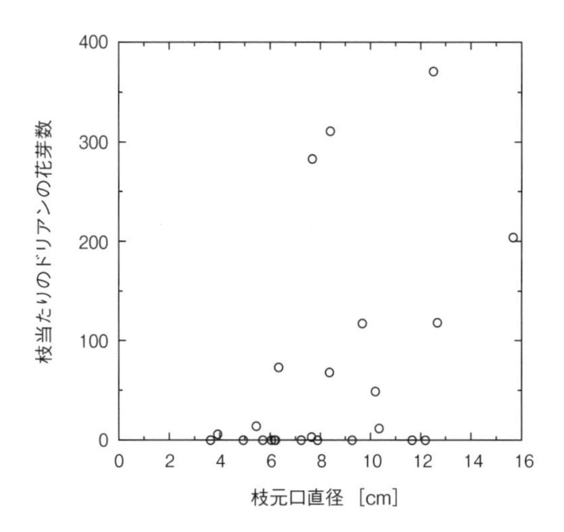

図 1-7. ドリアンの枝当たりの花芽数と枝の元口直径と関係(Ogawa *et al.* 2005)

高さでの幹直径と間でも観察されている(Ogawa *et al.* 1988)。Lindgren *et al.* (1977)もまたヨーロッパトウヒ(*Picea abies*)において球果数は樹高や胸高断面積と有意な関係はないと報告している。

また、ドリアンを例に、花芽数と母樹内の枝のサイズ(枝元口直径)との相関を調べてみると、正の相関($r=0.467$, $P<0.05$, $n=26$)があり(**図 1-7**)、枝サイズが大きいほど繁殖が盛んとなった。

ヒノキの場合、繁殖せず球果を生産していない母樹は全体の 37 %で、頻度

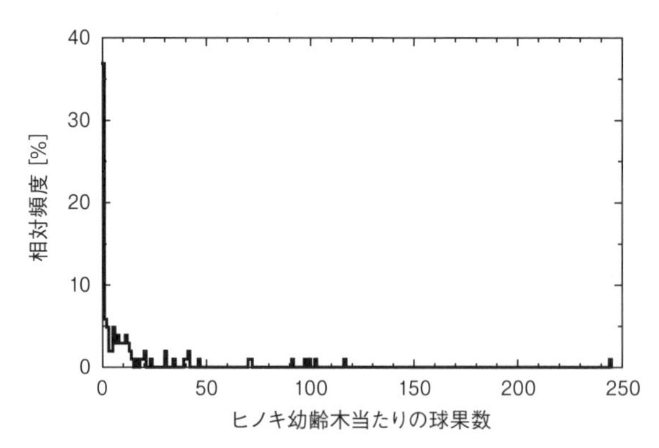

図 1-8. ヒノキ幼齢木当たりの球果数の頻度分布(Ogawa *et al.* 1988)

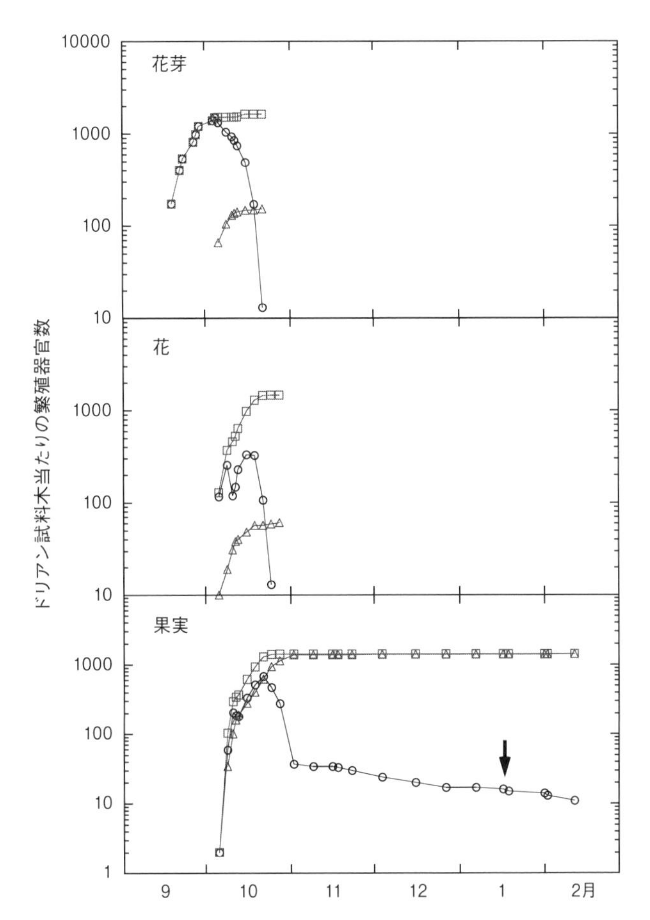

図1-9. ドリアン試料木当たりの繁殖器官（花芽、花、果実）の数の変化（Ogawa *et al.* 2005）
□：展開曲線、○：生存曲線、△：落下曲線（Kikuzawa 1982, 1983）。収穫するに十分成熟した果実の落下開始時期は図中に矢印で示されている。

分布は典型的なL型を示す（**図1-8**）。ここで、繁殖前後で母樹の成長の違いをみるため、繁殖個体と非繁殖個体の樹高、直径の成長率を比較した（Ogawa *et al.* 1988）。繁殖前では樹高、直径の成長率とも両者の間では有意な差は認められなかったが、繁殖後は樹高、直径の成長率の違いに有意な差が認められ、成長率は20％程度、繁殖個体の方が減少した。

結実は葉の光合成産物を優先的に繁殖器官に移動させ（Dickmann and

Kozlowski 1968; Rook and Sweet 1971; Wareing and Patrick 1975; Cannell 1985; Sprugel *et al.* 1991)、結実が樹木の伸長成長(Teich 1975)や肥大成長(Eis *et al.* 1965; Tappeiner 1969)を抑制することがしばしば見受けられる。このことは繁殖器官と栄養器官の成長のトレードオフ関係(Obeso 2002)を示す結果と言える。

一方、ドリアンのような大きい果実をつける樹木では開花・結実期間中、花芽、花、果実の繁殖器官が連続的に落下することも母樹にとって繁殖がかなりの負担となっていることを示す生物季節学的証拠となるであろう(**図1-9**, Ogawa *et al.* 2005a)。

第2章　光合成・呼吸の測定

2.1.　測定法

繁殖器官においても、光合成速度は二酸化炭素(CO_2)の吸収量から、また、呼吸速度はCO_2の放出量から測定できる。測定方法には、繁殖器官など植物体を同化箱(チェンバー)に入れ空気を流して測定する通気法と、空気を流さず密閉して測定する密閉法に分かれる。繁殖器官においては通気法が用いられるのが一般的であるため、ここでは通気法について述べる。

通気法では同化箱の入り口と出口のCO_2濃度を測定し、その差と空気の流量からCO_2交換速度を求め、光合成・呼吸速度を算定する。CO_2濃度の測定には赤外線ガス分析計による方法が精度が高い。また、温度測定が不可欠である。

なお、通気法は同化箱内の植物試料の入れ方により、切断法とインタクト法の2つに大別される(牛島ほか1981)。

(1) 切断法

CO_2交換測定の装置が大型で実験室内に設置してあるため持ち運びができないため、測定試料を母樹から切断し、実験室内に持ち運び同化箱に詰める方法である。この際、植物体試料への水分供給が止まると蒸発散作用によって植物体の水分含量が低下するので、小さな水差しに試料を挿し、水分を補強する。

繁殖器官の光合成・呼吸速度はかなり低いので、同化箱内には数十個の試料を重ならないように入れる必要がある(口絵xiii)。

(2) インタクト法

近年開発された携帯用の小型のCO_2交換測定装置により、切断せず自然状態のままで繁殖器官などの植物体の光合成・呼吸の測定をする方法である(口絵

xiii)。　測定装置の精度も高く、同化箱内には繁殖器官1個体ないしは2、3個体を入れるだけでCO_2交換測定が可能である。測定装置はかなり高価なものであるが、植物体試料を切断していないので、水分供給のことも考える必要がなく、測定が容易である。

最近では米国Li-Cor社製の携帯式光合成測定装置LI-6400がよく使用されており、著者もクスノキなどの果実の光合成をこの装置により測定した(口絵xiv, Imai and Ogawa 2009)。この際、LI-6400の通常のチェンバー内に複数の果実をセットするが、果実1個当たりの光合成速度$\bar{A}$の算出は以下の通りとなる(Li-Corの取扱説明書参照)。

a: 単位面積当たりの光合成速度(μmol CO_2 m^{-2} s^{-1})

s: 面積 2×3 $cm^2=6$ cm^2

$\bar{A}$: 果実1個当たりの光合成速度(μmol CO_2 $fruit^{-1}$ s^{-1})

n: 果実数

とすると、

$$a \cdot s = \bar{A} \cdot n \tag{2.1}$$

となり、果実1個当たりの光合成速度$\bar{A}$は下式のようになる。

$$\bar{A} = \frac{a \cdot s}{n} \tag{2.2}$$

なお、$\bar{A}$の単位は次のようなる。

$$\bar{A} = [\mu\mathrm{mol\ CO_2\ fruit^{-1}\ s^{-1}}]$$

$$= \left[\frac{\mu\mathrm{mol\ CO_2\ m^{-2}\ s^{-1}} \cdot 6\ \mathrm{cm^2}}{n}\right] = 6\times10^{-4}\times\frac{1}{n}\ [\mu\mathrm{mol\ CO_2\ m^{-2}\ s^{-1}}] \tag{2.3}$$

2.2.　光合成・呼吸の定義

CO_2ガス交換の研究は主に葉の光合成について集中して行われてきた(Larcher 2001)。葉の光合成に関する数多くの研究報告にもかかわらず、繁殖器官のような葉以外の光合成器官に関する光合成の情報は非常に少なく、限られている(Shaedle 1975; Linder 1979, 1981; Blake and Lenz 1989; Kozlowski 1992)

繁殖器官の光合成に関する実験的証拠は、北方林地域(Linder and Troeng

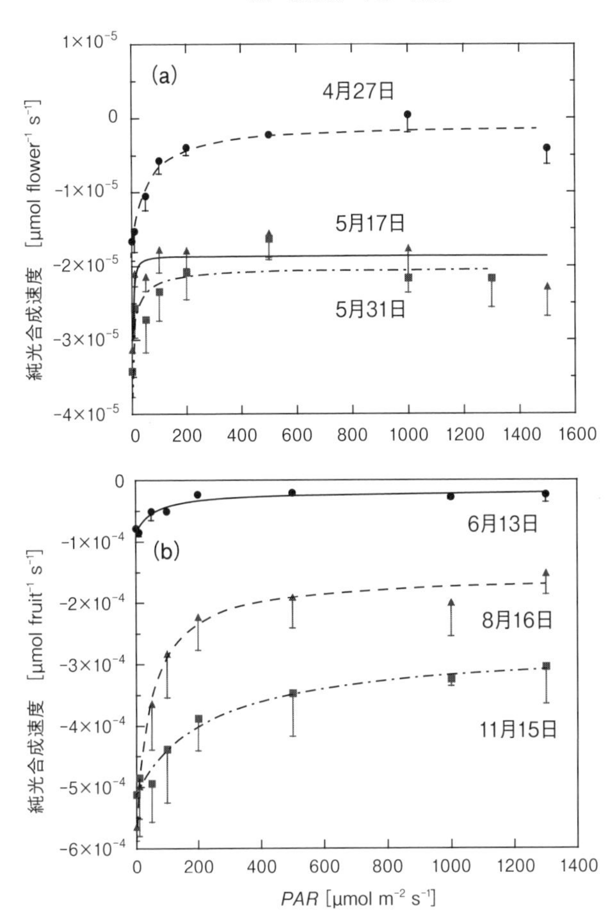

図 2-1.　クスノキの繁殖器官における光—光合成反応(Imai and Ogawa 2009)
(a) 花(または花芽)、(b) 果実。エラーバー：−SE。

1981; Koppel *et al.* 1987、口絵ix)、温帯域(Dickmann and Kozlowski 1970; Rook and Sweet 1971; Bazzaz *et al.* 1979; Jones 1981; Ogawa *et al.* 1988、口絵xi; Janet *et al.* 1990; Hori and Tsuge 1993; Pavel and DeJong 1993; Proietti *et al.* 1993; Ogawa and Takano 1997、口絵xii; Wang *et al.* 2006; Imai and Ogawa 2009、口絵xii)、熱帯域(Cipollini and Levey 1991; Whiley *et al.* 1992; Kenzo *et al.* 2003; Ogawa *et al.* 1995a, 2005b、口絵x)などの幾つかの気候帯に生育する樹木に関しこれまでに報告がある。したがって、繁殖器官の成長を葉

による光合成産物のみとみなすことには矛盾がある。実際、果実などの繁殖器官自身による光合成の貢献度は顕著である。

繁殖器官で光合成・呼吸といったCO_2交換の特性は葉などのいわゆる光合成器官でみられる光ー光合成特性とは違って純（または、みかけの）光合成速度が0を超えない負の値を示し、光補償点がないことである（**図2-1**）。このため、純光合成速度の量（絶対値）を純呼吸速度（net respiration, Linder and Troeng 1981; Koppel *et al.* 1987）という場合がある。また、光強度が0の時の暗呼吸速度と純呼吸速度との差が光合成速度（総光合成速度）となる。この光合成速度はCO_2再固定速度（CO_2 refixationまたはphotosynthetic CO_2 refixation）と呼ばれている（Linder and Troeng 1981; Koppel *et al.* 1987）。

これを日変化で示してみると（**図2-2**）、夜間の呼吸は暗呼吸速度（r_{night}）とみなせるが、日の出後、純呼吸速度（r_{net}）となり、日没後、再び夜間の呼吸速度（r_{night}）として定義される。昼間は光合成により呼吸により放出されたCO_2が光合成により再固定（p）され、純光合成速度は日中に増加する傾向を示す。ただし、日中の呼吸により放出されたCO_2量は暗呼吸により放出されたCO_2量（r_{day}）と同等であるとして推定されている（cf. Sprugel and Benecke 1991）。

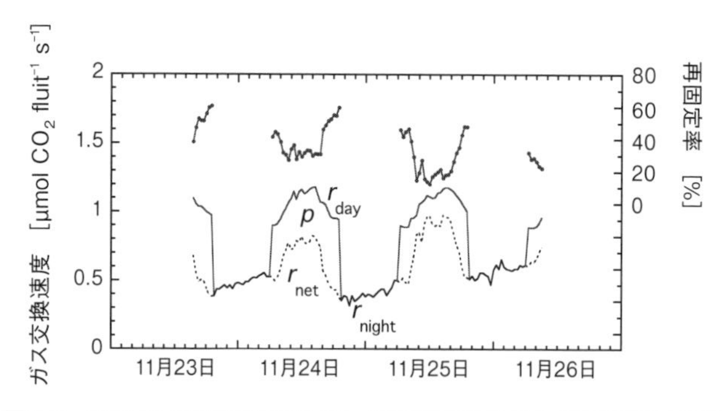

図2-2. ドリアンの果実におけるCO_2ガス交換速度とCO_2再固定率の日変化
（Ogawa *et al.* 2005b）
点線：純光合成速度。実線：暗呼吸速度（日中：r_{day}、夜間：r_{night}）

2.3. CO_2再固定率の定義

繁殖器官の場合、純光合成速度は常に負の値を示すが、これを光合成とはみなさず、純呼吸速度とみなし呼吸として扱う場合が多い。つまり、呼吸によるCO_2の放出量が光合成によるCO_2の吸収量を超えないことが、繁殖器官の場合、通常である。したがって、暗呼吸で放出されたCO_2量（これが呼吸によって放出されたCO_2量の最大値となる）に対して、光合成によって再固定されたCO_2量がどれくらいかをその割合で表すことがある（**図2-2**参照）。この割合のことをCO_2再固定率と呼び（Linder and Troeng 1981; Koppel *et al.* 1987）、1を超えることはない。

CO_2再固定率は以下のように表すこともできる。

CO_2再固定率 ＝ CO_2再固定量／暗呼吸量
＝（暗呼吸量－純呼吸量）／暗呼吸量　(2.4)
＝ 1－純呼吸量／暗呼吸量

上式から明らかなように、光合成によるCO_2再固定率は暗呼吸量に占める純呼吸量の割合を1から差し引いた値とも等しいことがわかる。暗呼吸速度は呼吸によって放出されたCO_2量の最大値であるので、純呼吸量/暗呼吸量は1より小さい値をとる。

2.4.　クロロフィル含量

繁殖器官においても葉と同様に光合成を行うためにはクロロフィルの存在が不可欠である（Schaedle 1975）。例えば、クスノキの果実は結実後は緑色であるが、成熟し完熟後は黒紫色となる（口絵xii）。その間、クロロフィル含量は季節とともに低下し、0.662 mg g d.wt^{-1}から0.0680 mg g d.wt^{-1}の範囲にあった（Ogawa and Takano 1997）。このクロロフィル含量の変化は光合成のCO_2再固定能力と密接な関係

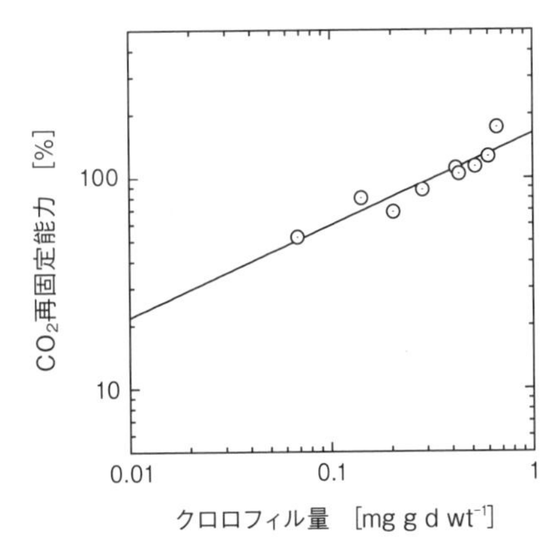

図2-3. クスノキの果実におけるCO_2再固定能力とクロロフィル含量との関係（Ogawa and Takano 1997）
図中の回帰直線は $y = 163.1x^{0.437}$ ($R^2 = 0.87$) を示す。

($y = 163.1x^{0.437}$, $R^2 = 0.87$)があり、CO_2再固定能力はクロロフィル含量のほぼ平方根に比例した(**図2-3**)。ドリアンの果実ではクロロフィル含量は0.100～0.175 mg g $d.wt^{-1}$と算出された。

Koppel *et al.*(1987)によれば、ヨーロッパトウヒの緑色の球果と紫色の球果(口絵ix)では同量のクロロフィル含量を示し、その値は0.2～0.3 mg g $d.wt^{-1}$であり、同程度の光合成をしていることが分かった。また、Proietti *et al.*(1999)は、オリーブ(*Olea europaea*)の果実でクロロフィル含量は最大で0.8 mg g $d.wt^{-1}$となり、葉のそれの25～30%に相当するとしている。

繁殖器官のCO_2ガス交換特性と同じような傾向が、樹皮についてもみられ(e.g. Pfanz *et al.* 2002; Damesin 2003; Berveiller *et al.* 2007; Wittmann and Pfanz 2008; Avila *et al.* 2014)、Shaedle and Foote (1971)によればカロリナポプラ(*Populus tremuloides*)の樹皮内のクロロフィルは全光合成量の5～10%に貢献し、また材部の呼吸で放出されるCO_2の50～70%が樹皮の光合成で利用されるという。Tarvainen *et al.* (2018)はヨーロッパアカマツ(*Pinus sylvestris*)の幹において樹皮のクロロフィル含量は幹の高さにより異なり、0～355 μmol m^{-2}の範囲にあり、幹の光合成によるCO_2の再固定率は幹の上部で最も高く、28%と報告している。

只木ほか(1984)はシラカンバ(*Betula platyphylla*)林で、クロロフィル量18.7 kg ha^{-1}のうち1.60 kg (8.7%)が幹枝樹皮に存在していたことを報告している。また、只木ほか(1987)によれば、ハンノキ(*Alnus japonica*)林でクロロフィル量は12.3 kg ha^{-1}、そのうち18%にあたる2.21 kgが枝や幹の樹皮内に存在していた。Schaedle and Foote (1971)のいう樹皮内のクロロフィルの光合成貢献度を考慮すると、シラカンバ林やハンノキ林における樹皮内クロロフィルの物質生産への貢献度はかなり高いように思われる。

第3章　光合成・呼吸の日変化と季節変化

3.1.　光合成・呼吸の日変化

ドリアンの果実の純呼吸速度は気温の高くなる日中に高くなる(**図3-1**)。また、暗呼吸速度も夜間よりも日中に高くなる日変化を示す(Ogawa *et al.* 1995a)。

暗呼吸速度と純呼吸速度との差がドリアンの果実の総光合成速度(またはCO_2の再固定速度)であるが、その総光合成速度も気温、光強度が高くなる日中に高くなる。このような繁殖器官での光合成はドリアンの果実だけでなく花芽においても確認されている(Ogawa *et al.* 2005b)。

クスノキの花序においても4月では顕著に光合成をしていることが観察されている(**図2-4a**参照)。花による光合成は幾つか報告がされており(Bazzaz *et al.* 1979; Werk and Ehleringer 1983; Williams *et al.* 1985; Clement *et al.* 1997)、草本植物のアサギフユボタン(*Helleborus viridis*)の緑色の萼片は春先の光合成産物の主たる源である(Aschan *et al.* 2005)。クスノキにおいても、葉柄、花托、花弁を含む花序の大部分は緑色で、光合成を行い、呼吸による炭素消費を補っていると推察される。5月下旬には、黄白色の花が大部分を占め、花序は光合成によるCO_2再固定は低くなる。これは、花序の暗呼吸速度の増大が大きく影響している考えられる(**図2-1a**参照)。

3.2.　光合成・呼吸の季節変化

クスノキの果実の光合成・呼吸速度の季節変化は乾重ベース、表面積ベース、個体ベースというように単位の違いにより異なる(**図3-2**)。

乾重ベース(**図3-2a**)では光合成・呼吸速度は成長開始後、急激に減少した。これは成長開始時の植物体の成長速度に比例する成長呼吸の増大によるも

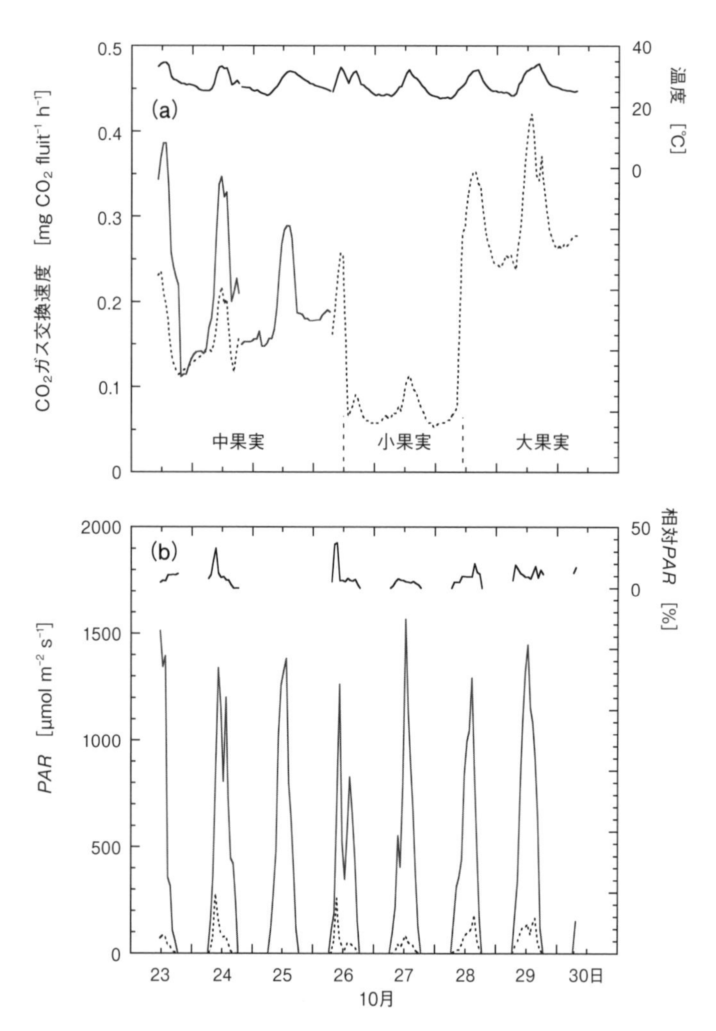

図3-1.（a）ドリアンの果実（中、小、大果実）のCO_2ガス交換速度と同化箱内温度の日変化（Ogawa *et al.* 1995aを改変）
破線：純呼吸速度。実線：暗呼吸速度。10月25日に日中の暗呼吸速度測定のため同化箱がアルミニウムホイルで覆われた。（b）林外（実線）と同化箱上部（破線）での光強度PARと相対PARの日変化。

のと推察される（Amthor 1989; Sprugel *et al.* 1995）。また、表面積ベース（**図3-2b**）では乾重ベースの変化と類似しているが、初期の段階にピークが存在し

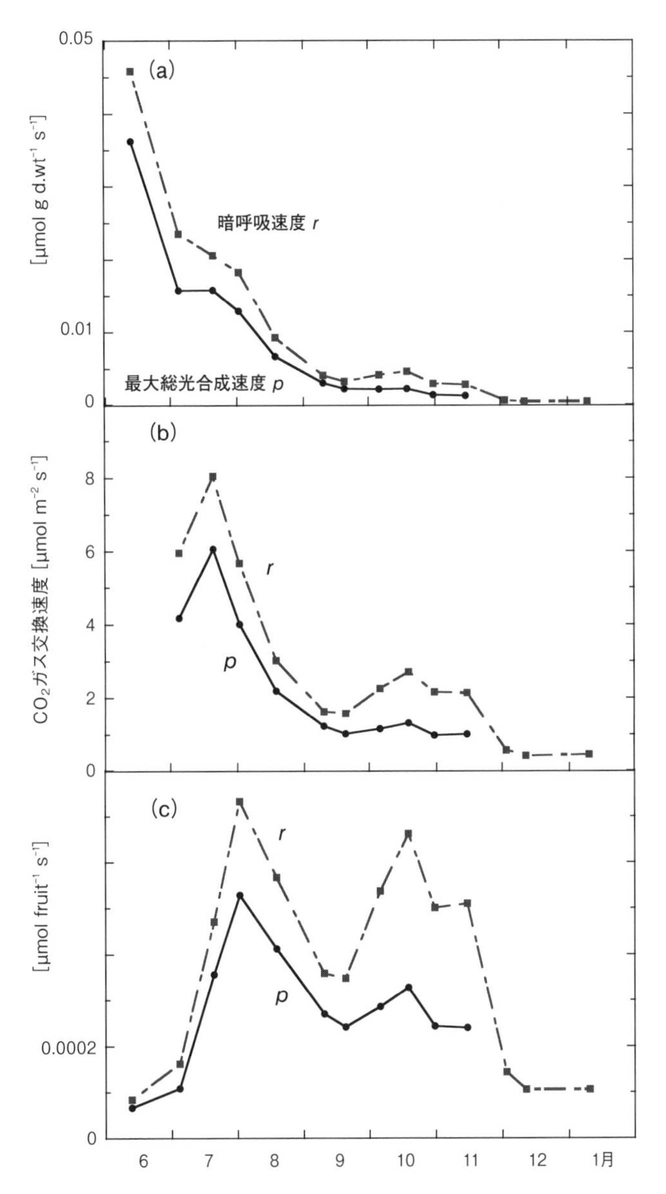

図 3-2. クスノキの果実における最大総光合成速度pと暗呼吸速度rの季節変化

(Imai and Ogawa 2009)

(a) 乾重ベース (b)表面積ベース (c)果実個体ベース。

た。さらに、個体ベース(**図3-2c**)では光合成・呼吸速度の変化には2つのピークが存在し、前者のピークは果肉形成に関した生理活性の増大に関したものであり、また、後者のピークは種子形成に関した生理活性の増大に関したものと考えられる(Ogawa and Takano 1997; Imai and Ogawa 2009)。

3.3. CO_2再固定率の日変化と季節変化

熱帯樹種であるドリアンの果実のCO_2再固定率(2.1式参照)の日変化は日の出とともに増加し正午頃の日中にピークに達しその後減少した(**図3-3**)。ピー

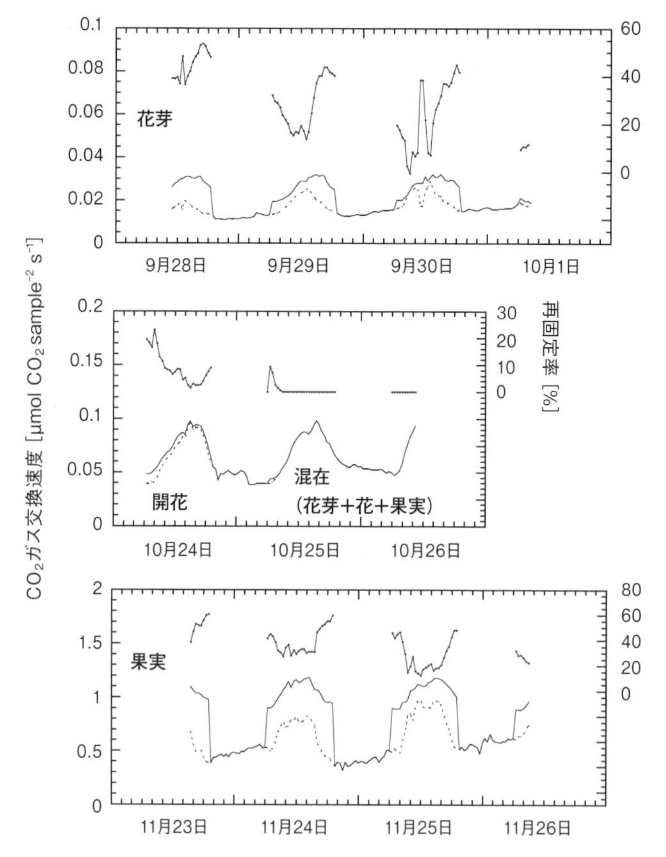

図3-3. ドリアンの繁殖器官におけるCO_2ガス交換速度とCO_2再固定率の日変化
破線：純光合成速度。実線：暗呼吸速度(Ogawa *et al.* 2005b)

ク時の値は50％ほどでこの値から呼吸によるCO_2の放出量の半分は光合成により再固定されていることとなる。また、花芽、花においてもCO_2再固定が認められ(**図3-3**)、光合成をしていることが分かる。

一方、温帯樹種であるクスノキの果実のCO_2再固定率の季節変化は成育期間の6月から8月頃まで比較的安定した値を示し70％から80％の範囲にあった(**図3-4**)。ドリアンの値と比較するCO_2再固定率は高い値を示したが、これは成育地域の違いのよるものであろう。すなわち、熱帯では高温のため温度依存性の高い呼吸量が大きく、相対的にCO_2再固定率は低くなると考えられる。

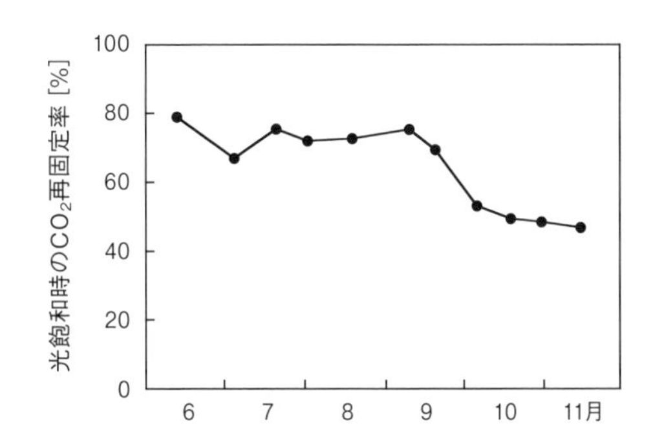

図3-4. クスノキの果実における最大CO_2再固定率の季節変化(Imai and Ogawa 2009)

第4章　光合成の光反応と温度反応

4.1.　光―光合成反応

比較的小さいサイズの繁殖器官であるヒノキの球果やクスノキの果実の総光合成速度pは人工光源の光強度PARを変化させることにより、光―光合成曲線が得られ、葉と同様に光合成をしていることがわかる(**図4-1**)。その光―光合成曲線は下式の直角双曲線式で近似することができる。

$$p = \frac{bPAR}{1+aI} \tag{4.1}$$

ただし、上式においてa、bは係数である。

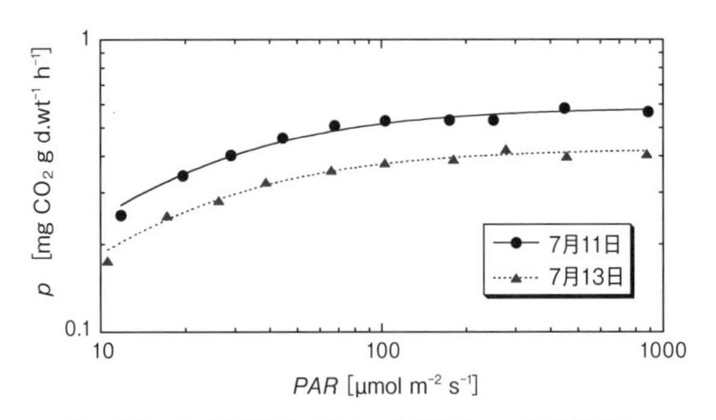

図4-1.　ヒノキの球果における総光合成速度pと光強度PARとの関係(Ogawa *et al.* 1988)
図中の回帰曲線は(4.1)式を示す。

また、繁殖器官のサイズが大きいドリアンの果実を野外においてインタクト法により同化箱で覆い、日の出から日没までの日中にかけて連続測定した場合も、人工光源と同様に光―光合成反応が見られ、その関係は(4.1)式の直角双曲線式で近似することができる(**図4-2**)。

光合成速度が光飽和に達する光飽和点はヒノキの球果(口絵xi)で400～500 µmol m^{-2} s^{-1}、クスノキの果実(口絵xii)で200～400 µmol m^{-2} s^{-1}、アオキ

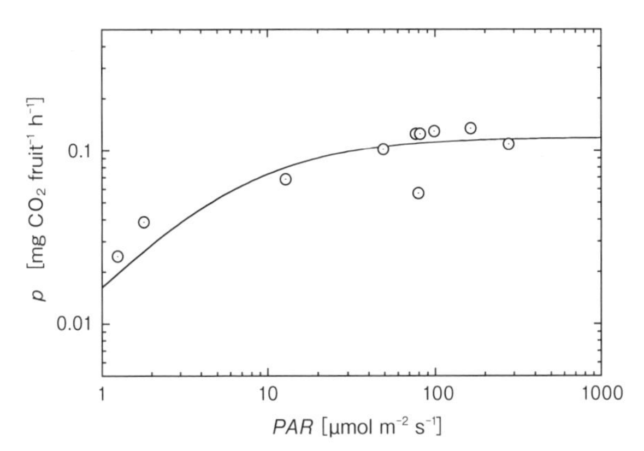

図 4-2. ドリアンの果実における総光合成速度 p と光強度 PAR との関係(Ogawa *et al.* 1995a)
図中の回帰曲線は(4.1)式を示す。

(口絵xii、*Aucuba japonica*)の果実で 250～350 μmol m^{-2} s^{-1}(今井 2008)、ドリアンの果実(口絵x)で 100 μmol m^{-2} s^{-1} と推定される。これらの光飽和点はヨーロッパアカマツの球果(口絵ix)の 900 μmol m^{-2} s^{-1} (Linder and Troeng 1981)、ヨーロッパトウヒの球果(口絵ix)の 800～900 μmol m^{-2} s^{-1} (Koppel *et al.* 1987)と比べて低い値となる。

4.2. 温度―光合成反応

ヒノキの球果の総光合成速度は同化箱内の温度を変化させると反応があり、8℃～38℃の間で温度の増加に伴い指数関数的に増加する傾向にある(**図 4-3**)。類似した温度―光合成反応がカロリナポプラの幹の光合成ついても報告されている(Foote and Schaedle 1976)。

また、1日のうちでも気温は変化するが、日中の気温変化と光合成との関係を調べたのがドリアンの果実の温度―光合成反応である(**図 4-4**)。総光合成速度は気温の増加に伴い指数関数的に増加する傾向を示すが、低温域(≦ 28℃)と高温域(≧ 28℃)では反応が異なる。すなわち、低温域では片対数グラフ上で傾きは高く敏感に反応し、一方、高温域では傾きは小さくなっている。

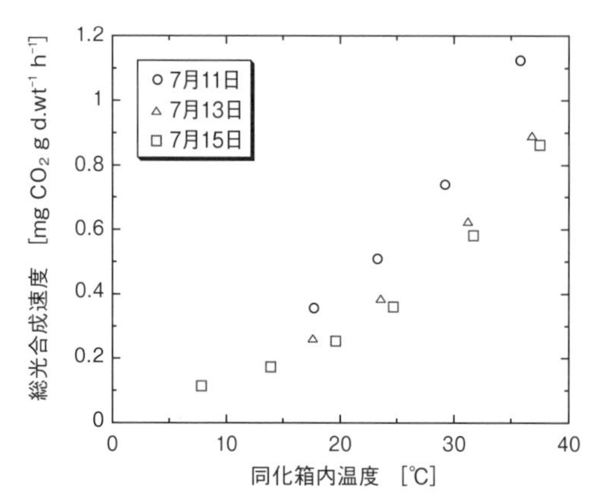

図4-3. ヒノキの球果における光飽和時の総光合成速度の温度反応(Ogawa *et al.* 1988)

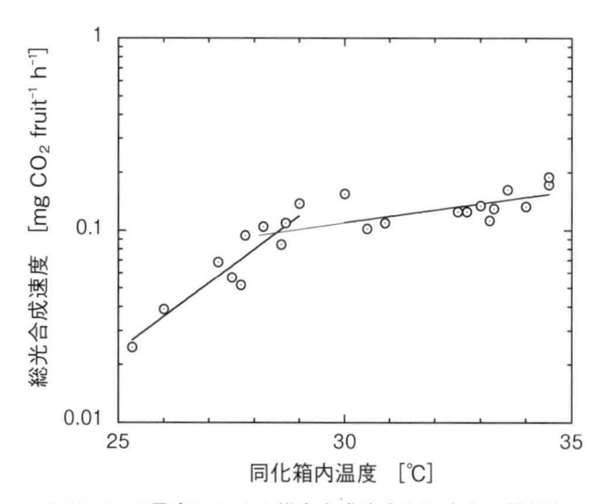

図4-4. ドリアンの果実における総光合成速度と温度との関係(Ogawa *et al.* 1995a)

4.3. CO_2再固定率と光強度

総光合成速度pと暗呼吸速度rとの比であるCO_2再固定率と光強度PARとの関係は(4.1)式と同様の直角双曲線式で示すことができる(**図4-5**)。光一光合成関係において、CO_2再固定率の飽和値は(4.1)式に基づくとb/arと誘導される。この飽和値はヒノキの球果で夏季の7月において100～104％、ドリアンの果実で15～45％と推定されている。

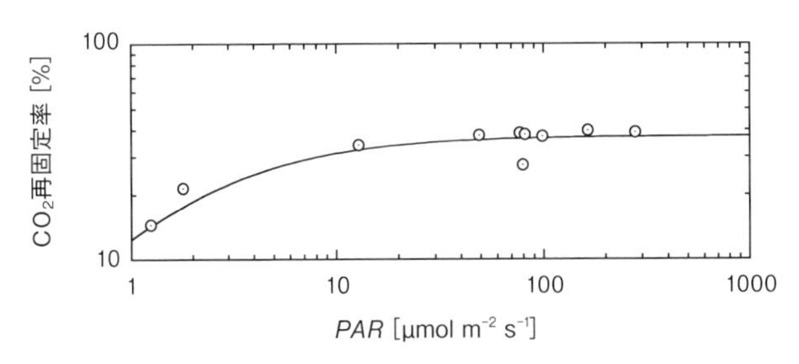

図 4-5. ドリアンの果実における CO_2 再固定率と光強度 *PAR* との関係(Ogawa *et al.* 1995a)
図中の回帰曲線は(4.1)式に基づく。

CO_2 再固定率の飽和値は季節的に変化することが報告されている(Linder and Troeng 1981; Koppel *et al.* 1987)が、CO_2 再固定率の飽和値の最大値をヨーロッパアカマツの球果で75%(Linder and Troeng 1981)、ヨーロッパトウヒの球果で55%(Koppel *et al.* 1987)、カラマツ(*Larix kaempferi*)の球果で70%(Wang *et al.* 2006)と算出している。一方、クスノキの果実では CO_2 再固定率の飽和値の季節変化において、その値の範囲は52～174%(Ogawa and Takano 1997)と65～80%(Imai and Ogawa 2009)と報告されている。また、落葉広葉樹のコナラ(*Quercus serrata*)やアベマキ(*Quercus variabilis*)が優占する二次林の林床に生育するアオキの果実で、83.1～105.4%と算出している(今井 2008)。

4.4. CO_2 再固定率と温度

CO_2 再固定率はヒノキの球果で夏季の7月において最適温度をもつ一山型の変化を示した(**図 4-6**)。最適温度はほぼ25℃で7月における平均気温25.7℃と一致している。葉の光合成に関した最適温度は成育期間の温度条件と密接に関係していることも認められている(Kusumoto 1961; Negisi 1966; 松本・根岸 1982)。また、ヒノキの球果の CO_2 再固定率の95%以上の温度域は21.4℃～30.0℃の範囲の日中の平均気温に相当している。

一方、ドリアンの果実の CO_2 再固定率と温度との関係においても最適温度の存在が確認されている(**図 4-7**)。両者の関係は片対数グラフ上で2本の折れ線で近似され、低温域(≦28.5℃)では正の傾き(0.314 $℃^{-1}$)を、高温域(≧

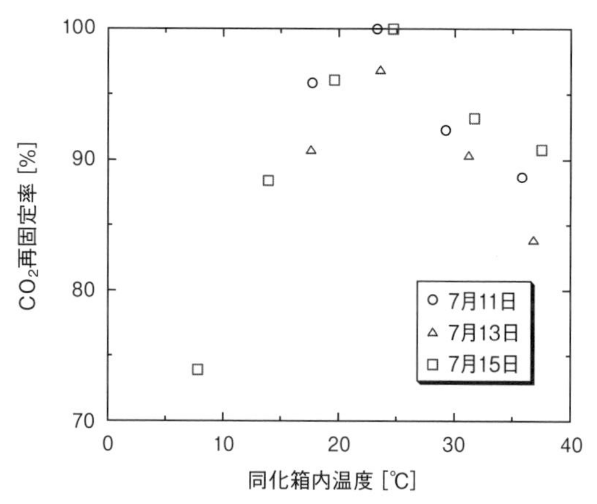

図 4-6.　ヒノキの球果における光飽和時の CO_2 再固定率の温度反応(Ogawa *et al.* 1988)

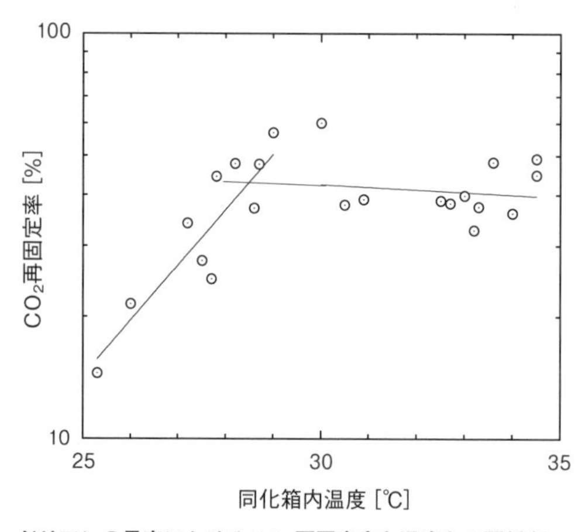

図 4-7.　ドリアンの果実における CO_2 再固定率と温度との関係(Ogawa *et al.* 1995a)

28.5℃)では負の傾き(−0.0145℃$^{-1}$)を示している。ドリアンの果実の場合も、平均気温は27.6℃と算出され、最適温度28.5℃に近い値となっている。

第5章　呼吸の温度反応

5.1.　温度－呼吸反応

暗呼吸速度rと温度θとの間には、一般に植物などで見受けられる下式の指数関数的関係が成立する。

$$r = r_0 \exp(k\theta) \tag{5.1}$$

ただし、r_0は温度0℃の時の呼吸速度、kは係数である。(5.1)式の関係はクスノキの果実について各季節(7月～12月)で成立している(**図5-1**)。

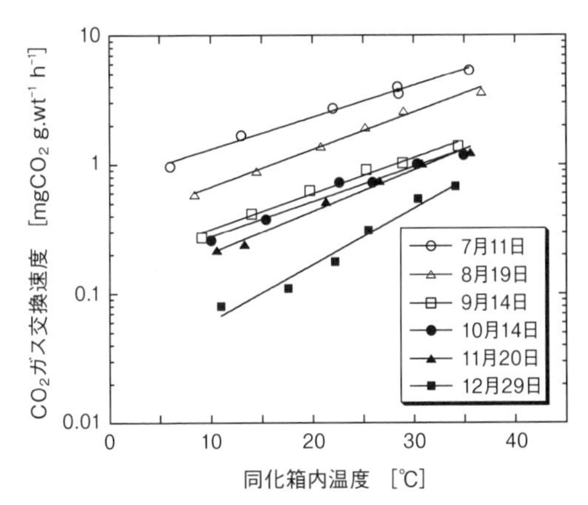

図5-1. クスノキの果実における暗呼吸速度の温度反応(Ogawa and Takano 1997)
図中の回帰直線は(5.1)式を示す。

また、ドリアンの繁殖器官(花芽、花、果実)の暗呼吸速度の昼夜の連続測定の結果に基づいて、呼吸速度の温度反応を調べてみると(**図5-2**)、午前から夜間にかけて時間が進行すると右回りの反応を示す。その反応において、昼間の暗呼吸速度は夜間の暗呼吸速度より高い値を示し、昼間は夜間より高い呼吸活性を示し、光合成産物は昼間に活発に繁殖器官(特に果実)に運ばれていることが推察される。

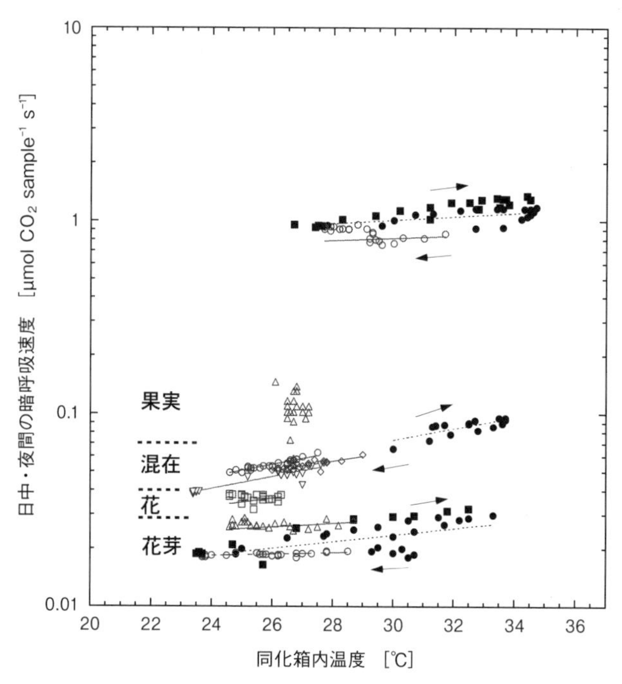

図5-2. ドリアンの繁殖器官における日中（塗りつぶし）と夜間（白抜き）の暗呼吸速度の温度反応（Ogawa *et al.* 2005b）　混在は花芽、花、果実の混在を示す。矢印は時間の進行方向を示す。図中の回帰直線(5.1)式を示す。

5.2.　温度係数 Q_{10}

呼吸速度は生化学反応なので温度に依存する。反応の温度依存性の評価には、温度が10℃上昇した場合に反応速度が何倍になるかを示す温度係数(temperature coefficient) Q_{10} が用いられる。一般的に化学反応は温度が10℃上昇すると反応速度が約2倍になる、すなわち Q_{10} が2前後の値を示す場合が多い。

(5.1)式より Q_{10} を算出すると、$Q_{10} = \exp(10k)$ となる。この式により Q_{10} の値を求めてみると、ドリアンの果実で1.58～2.11（ただし、12月は2.7)、ヒノキ球果で1.8～1.9、ドリアンの夜間の暗呼吸で1.10～1.11（花芽)、1.24（開花時)、1.78～2.04（花芽、花、果実の混在時)、1.25（果実)となった。また、ドリアンの昼間の暗呼吸で1.64（花芽）、2.15（花芽、花、果実の混在時）、1.34(果実)となった。

Koppel *et al.* (1987)によれば、スウェーデンの北方林に成育するヨーロッパトウヒの球果で暗呼吸の温度係数 Q_{10} は2.0と報告している。

第6章　呼吸のサイズ依存性

林木において実生から成木にいたる個体に関して呼吸や光合成といったCO_2ガス交換速度はその個体サイズと密接な関係があることが報告されている(e.g. Ninomiya and Hozumi 1981, 1983; Ogawa *et al.* 1985; Hagihara and Hozumi 1986; Mori and Hagihara 1991)。

そこで果実においてもCO_2ガス交換速度の果実サイズ依存性を調べるため、ドリアンの果実を用いて、夜間の平均呼吸速度(r_{night})が果実乾重wに対して両対数軸上でプロットされた(**図6-1**)。ただし、呼吸室内気温は小サイズのドリアンの果実で平均24.2℃、中サイズのドリアンの果実で26.4℃、大サイズのドリアンの果実で25.8℃であり、顕著な違いはない。

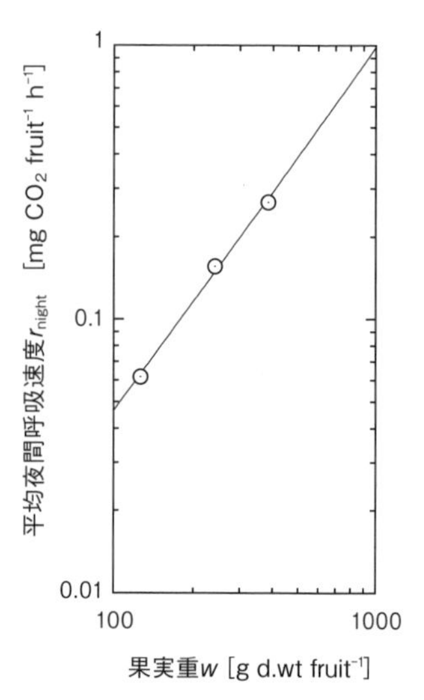

図6-1. ドリアンの果実における夜間の平均呼吸速度r_{night}と果実乾重wとの関係
(Ogawa *et al.* 1995a)　図中の回帰直線は(6.1)式を示す。

夜間の平均呼吸速度r_{night}(gCO_2 fruit^{-1} h^{-1})と果実乾重w (g dry wt. fruit^{-1})との関係は、下式の巾乗式で近似された($R^2 = 0.996$)。

$$r_{night} = 9.59 \times 10^{-5}\ w^{1.34} \qquad (6.1)$$

(6.1)式の巾指数の値は1よりも大きいので比呼吸速度r_{night}/wは果実サイズとともに大きくなる。すなわち、果実が大きくなればなるほど、果実の呼吸活性は高くなると言える。

第7章　転流量

7.1. コンパートメントモデルによる転流量の推定法

果実などの繁殖器官におけるCO_2ガス交換特性の一つとしてCO_2再固定率がある。このCO_2再固定率が示すように繁殖器官においては100％を超えることはなく、呼吸によるCO_2の放出が光合成によるCO_2の吸収を上回る（第4章参照）。このことより、繁殖器官の成長は葉などの他器官からの光合成産物の移動である転流（Leopold 1964; Leopold and Kriedemann 1975）によって補われていることが分かる。

Hozumi and Kurachi（1991）は落葉樹であるカラマツの葉の展開時における物質の移動の量的バランスを転流量推定のためのコンパートメントモデルを提唱し、算出した。この葉におけるコンパートメントモデルを繁殖器官においても適用し、転流量の算出が試みられている（Ogawa *et al.* 1996; Ogawa and Takano 1997; Ogawa 2002, 2004; Imai and Ogawa 2009）。

ここでは、繁殖器官として重量成長の活発な果実や球果を取り扱うこととする。果実に入ってくる光合成産物の転流量ΔTr_{in}と果実から出ていく光合成産物の転流量ΔTr_{out}との差である純転流量ΔTr（net translocation, Hozumi and Kurachi 1991）は、果実が落下するまでの他器官から果実へ移動する炭素流動モデル（**図7-1**）から推定される。このコンパートメントモデルでは、ある時間

図7-1. 果実における転流量推定のためのコンパートメントモデル（Ogawa 2009）
Δw: 成長量。ΔTr_{in}: 果実へ入る転流量。ΔTr_{out}: 果実から出る転流量。Δp: 光合成によるCO_2再固定量（総光合成量）。Δr: 暗呼吸量。ΔD: 枯死量。ΔG: 被食量。

間隔Δtでの純転流量$\Delta T\mathrm{r}$は、暗呼吸量Δr、総光合成量Δp、成長量Δw、枯死量ΔD、被食量ΔGから下式のように求めることができる。

$$\begin{aligned}\Delta T\mathrm{r} &= \Delta T\mathrm{r}_{in} - \Delta T\mathrm{r}_{out}\\ &= \Delta r - \Delta p + \Delta w + \Delta D + \Delta G \qquad (7.1)\end{aligned}$$

ここで、総光合成量ΔpはCO_2再固定量(photosynthetic CO_2 refixation)に相当する(第2章参照)。ただし、本研究では枯死量ΔD、被食量ΔGは微少量として無視し、(7-2)式にしたがって純転流量$\Delta T\mathrm{r}$の算出を行った。

$$\Delta T\mathrm{r} = \Delta r - \Delta p + \Delta w \qquad (7.2)$$

上式において、$\Delta r - \Delta p$は純呼吸量に相当する。

また、ドリアンの果実で行われたようなCO_2ガス交換の昼夜連続測定を実施した場合、(7.1)式は、夜間の暗呼吸量Δr_{night}、昼間の暗呼吸量Δr_{day}、昼間の純呼吸量Δr_{net}を用いると下式のように変形される。すなわち、

$$\begin{aligned}\Delta T\mathrm{r} &= (\Delta r_{day} + \Delta r_{night}) - (r_{day} - \Delta r_{net}) + \Delta w\\ &= \Delta r_{night} + \Delta r_{net} + \Delta w\\ &= \Delta r_{net+night} + \Delta w \qquad (7.3)\end{aligned}$$

となる。

(7.2)式と(7.3)式より、$\Delta r - \Delta p$と$\Delta r_{net+night}$が等しいことがわかる。したがって、1日当たりの転流量$\Delta T\mathrm{r}$を求めたい場合は、昼間の暗呼吸量Δr_{day}を測定する必要はなく、簡便な測定法として、昼間の純呼吸量Δr_{net}と夜間の呼吸量Δr_{night}の2つの呼吸量のみを測定するだけで1日当たりの転流量$\Delta T\mathrm{r}$が推定できる。

7.2.　転流量の季節変化

クスノキの果実(Imai and Ogawa 2009)を例にとり、その成育期間中(6月～1月)の転流量の季節変化を**図7-2**に示す。

果実の暗呼吸量Δr_{fruit}は成長量Δw_{fruit}の変化と対応して二山型の変化を示した(**図7-2a**)。この変化は果実成長が前半は果肉の成長、後半は種子の成長の2つから成り立っていること(第1章参照)に起因する。一方、総光合成量Δp_{fruit}は一山型の変化を示した。

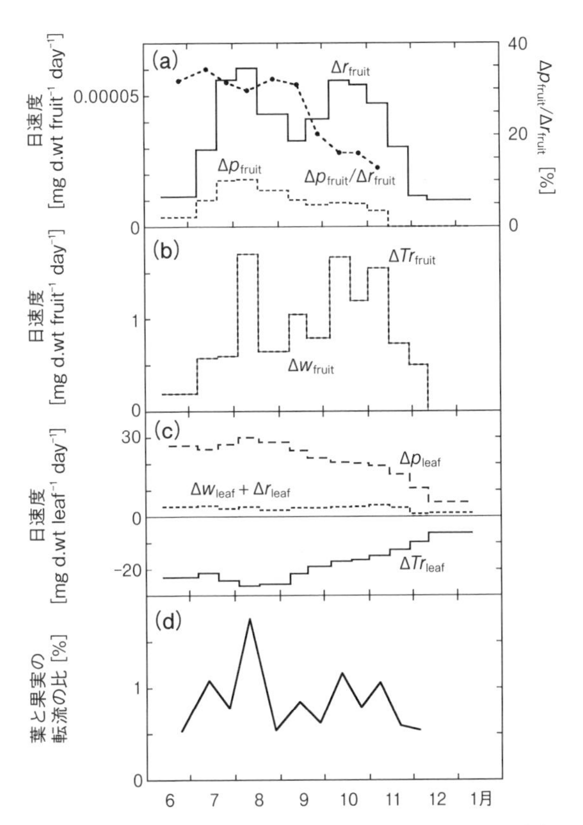

図 7-2.　(a)クスノキの果実における光合成量Δp_{fruit}、呼吸量Δr_{fruit}、再固定率$\Delta p_{fruit}/\Delta r_{fruit}$の季節変化　(b)クスノキの果実における転流量$\Delta Tr_{fruit}$、成長量$\Delta w_{fruit}$の季節変化　(c)クスノキの葉における光合成量$\Delta p_{leaf}$、成長量と呼吸量$\Delta w_{leaf}+\Delta r_{leaf}$の季節変化　(d)クスノキの葉の転流量と果実の転流量との比(Imai and Ogawa 2009)

果実の転流量ΔTr_{fruit}のほとんどが成長量Δw_{fruit}で占められ、転流量ΔTr_{fruit}は成長量Δw_{fruit}の変化と対応して二山型の変化を示す傾向にあった(**図 7-2b**)。

7.3.　果実と葉における転流関係

クスノキ(Imai and Ogawa 2009)の葉における転流量ΔTr_{leaf}は夏期(8 月)に最大値に達し、その後、冬期に向かって減少した(**図 7-2c**)。この結果を考慮し、果実への転流の葉の転流の貢献度の示数として、シュート当たりの果実への転流量に対するシュート当たりの葉からの転流量の比を算出すると(**図7-2d**)、0.5～1.8％の範囲にあることが分かった。

クスノキの葉の場合、光—光合成曲線における光強度1000 μmol m^{-2} s^{-1}以上での光飽和時における純光合成速度は10 μmol m^{-2} s^{-1}前後であった(**図7-3**)。一方、熱帯地域に成育するドリアンの葉の場合の光飽和時における純光合成速度は3～4 μmol m^{-2} s^{-1}であった(Ogawa *et al.* 2003)。両者を比較すると、クスノキの葉は高い光合成速度を示しており、このことが果実への転流の葉の貢献度が低い結果となった要因と考えられよう。

クスノキの葉の飽和時の最大光合成速度は果実が成長している期間では比較

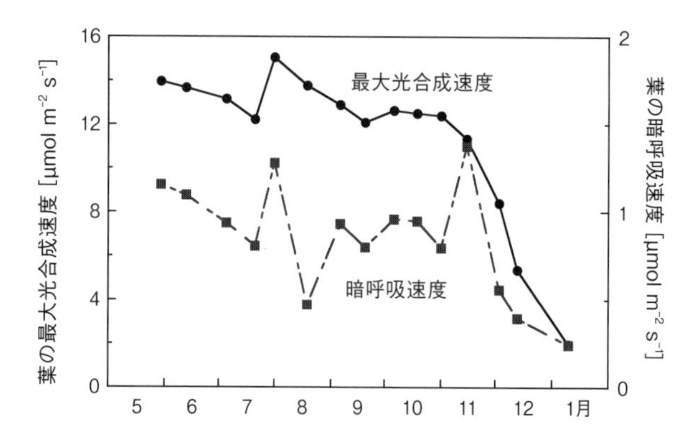

図7-3. クスノキの葉における光飽和時の最大総光合成速度と暗呼吸速度の季節変化
(Imai and Ogawa 2009)

表7-1. クスノキのシュート基部の環状剥皮処理による果実と葉に関する諸量の平均値
(Imai and Ogawa 2009)

	環状剥皮処理		コントロール		P-値
	平均	SE	平均	SE	
シュートサンプル数	7		15		
果実数 (No. $shoot^{-1}$)	1.43	0.48	1.13	0.39	0.640
葉数 (No. $shoot^{-1}$)	6.43	0.65	7.43	0.29	0.181
果実乾重合計 (mg $shoot^{-1}$)	242.6	76.8	164.3	45.7	0.401
平均果実乾重 (mg $shoot^{-1}$)	151.2	26.8	105.2	21.5	0.203
葉乾重合計 (mg $shoot^{-1}$)	1101	120	1146	99	0.777
平均葉乾重 (mg $shoot^{-1}$)	173.2	11.2	151.4	9.6	0.179

SE：標準誤差

的高い傾向ある(**図7-3**)。この傾向は、シュートが果実成長に必要な乾物を安定して供給するための適応と言える(Obeso 2002)。

また、クスノキのシュート基部の環状剥皮処理による果実重への影響はみられなかった(**表7-1**)。このことは、果実と葉とのシュート内での光合成産物をめぐる競争関係はなく、果実の成長に必要な炭素は同一シュート内の当年葉の光合成産物が転流して補われていたと推察される。ケヤマハンノキ(*Alnus hirsuta*)の枝においても果実と葉の間に同様の炭素の量的関係が観察され、枝内での炭素自律性(carbon autonomy)がみられている(Hasegawa *et al.* 2003)。また、結実した枝においては、攪乱を与えない限り炭素自律性は維持される(Hoch 2005)。

7.4.　転流量、成長量、光合成量と呼吸量の量的バランス

(1) 純呼吸量と繁殖器官重との関係

様々な樹種における繁殖における炭素バランスの結果(**表7-2**)に基づけば、純呼吸量$\Delta r - \Delta p$と成長量Δwとの関係は下式の直線で近似される(**図7-4**)。

$$\Delta r - \Delta p = -a + b\Delta w \tag{7.4}$$

ここで、a、bは係数で、それぞれ、0.259 ± 0.182 (SE) g、0.539 ± 0.035 (SE)と算出された(Ogawa 2002, 2004)。

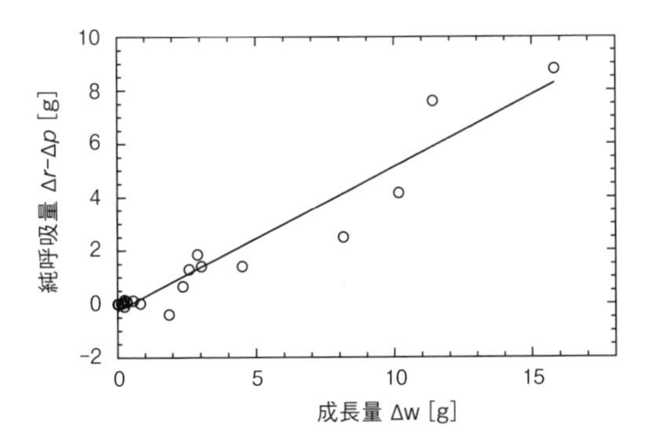

図7-4. 20種の樹木における繁殖器官における純呼吸量$\Delta r - \Delta p$と成長量Δwとの関係
(Ogawa 2002)　図中の回帰直線は(7.4)式を示す。

表7-2. 木本植物の繁殖器官における生育期間中の炭素収支推定ためのデータソース（Ogawa 2002）

樹種 学名	樹種 和名	場所	乾重量 初期値	乾重量 最終値 w	成長量 Δw	暗呼吸量 ΔR	CO_2 再固定量 ΔP	純呼吸量 $\Delta R-\Delta P$	純転流量 ΔTr	著者
			[g dry matter]							
Acer platanoides	ノルウェーカエデ	米国イリノイ州	0	0.254	0.254	0.23	0.312	−0.082	0.172	Bazzaz *et al.* (1979)
Acer rubrum	アメリカハナノキ	米国イリノイ州	0	0.028	0.028	0.02	0.015	0.005	0.033	Bazzaz *et al.* (1979)
Acer saccharum	サトウカエデ	米国イリノイ州	0	0.105	0.105	0.188	0.132	0.056	0.266	Bazzaz *et al.* (1979)
Betula pendula	ヨーロッパシラカンバ	米国イリノイ州	0	0.565	0.565	0.322	0.192	0.13	0.695	Bazzaz *et al.* (1979)
Carya ovata	シャグバークヒッコリー	米国イリノイ州	0	8.135	8.135	3.435	0.944	2.491	10.626	Bazzaz *et al.* (1979)
Celtis occidentalis	アメリカエノキ	米国イリノイ州	0	0.342	0.342	0.204	0.118	0.086	0.428	Bazzaz *et al.* (1979)
Cercis canadensis	アメリカハナズオウ	米国イリノイ州	0	0.208	0.208	0.137	0.096	0.041	0.249	Bazzaz *et al.* (1979)
Liquidambar styraciflua	モミジバフウ	米国イリノイ州	0	2.375	2.375	1.613	0.955	0.658	3.033	Bazzaz *et al.* (1979)
Liriodendron tulipifera	ユリノキ	米国イリノイ州	0	2.9	2.9	2.884	1.032	1.852	4.752	Bazzaz *et al.* (1979)
Magnolia stellata	シデコブシ	米国イリノイ州	0	0.823	0.823	0.366	0.34	0.026	0.849	Bazzaz *et al.* (1979)
Platanus occidentalis	アメリカスズカケノキ	米国イリノイ州	0	10.158	10.158	5.239	1.072	4.167	14.325	Bazzaz *et al.* (1979)
Prunus serotina	ブラックチェリー	米国イリノイ州	0	0.131	0.131	0.067	0.038	0.029	0.16	Bazzaz *et al.* (1979)
Quercus macrocarpa	バーオーク	米国イリノイ州	0	3.042	3.042	1.52	0.104	1.416	4.458	Bazzaz *et al.* (1979)
Tilia platyphyllos	ナツボダイジュ	米国イリノイ州	0	1.868	1.868	0.407	0.794	−0.387	1.481	Bazzaz *et al.* (1979)
Ulmus americana	アメリカニレ	米国イリノイ州	0	0.0075	0.0075	0.0014	0.00083	0.00057	0.00807	Bazzaz *et al.* (1979)
Pinus sylvestris	ヨーロッパアカマツ	スウェーデン・ヤーデロース	0	2.6	2.6	1.88	0.58	1.3	3.9	Linder and Troeng (1981)
Picea abies	ヨーロッパトウヒ	スウェーデン・ヤーデロース	0	15.8	15.8	10.6	1.8	8.8	24.6	Koppel *et al.* (1987)
Picea abies	ヨーロッパトウヒ	スウェーデン・ヤーデロース	0	11.4	11.4	9	1.4	7.6	19	Koppel *et al.* (1987)
Pinus contorta	コントルタマツ	英国エジンバラ	0	4.5	4.5	1.88	0.47	1.41	5.91	Dick *et al.* (1990)
Vaccinium ashei	ラビットアイブルーベリー	米国フロリダ州	0	0.334	0.334	0.194	0.073	0.121	0.455	Birkhold *et al.* (1992)
Vaccinium ashei	ラビットアイブルーベリー	米国フロリダ州	0	0.159	0.159	0.096	0.038	0.058	0.217	Birkhold *et al.* (1992)
Cinnamomum camphora	クスノキ	日本・名古屋	0.027	0.248	0.221	0.243	0.086	0.157	0.378	Ogawa and Takano (1997)

初期重量が非常に小さいと仮定すれば、(7.4)式は最終重量wの関数として下式のように書き換えられる。

$$\Delta r - \Delta p = -a + bw \qquad (7.5)$$

(7.5)式において、純呼吸量$\Delta r - \Delta p = 0$の解析解は

$$w = \frac{a}{b} \qquad (7.6)$$

となる。純呼吸量$\Delta r - \Delta p$は$w = a/b$より大きいwの範囲では正の値を示し、$w = a/b$より小さいwの範囲では負の値を示すと言える。ただし、(7.6)式のwの値は0.481 gと算出された。

(7.5)式の両辺をwで割ると、単位重さ当たりの純呼吸量、すなわち、比純呼吸量$(\Delta r - \Delta p)/w$と最終重量wとの直角双曲線式が得られる。

$$\frac{\Delta r - \Delta p}{w} = -\frac{a}{w} + b \qquad (7.7)$$

$w = a/b$付近のwの範囲では、$(\Delta r - \Delta p)/w$の値はwが減少すると急に減少し、

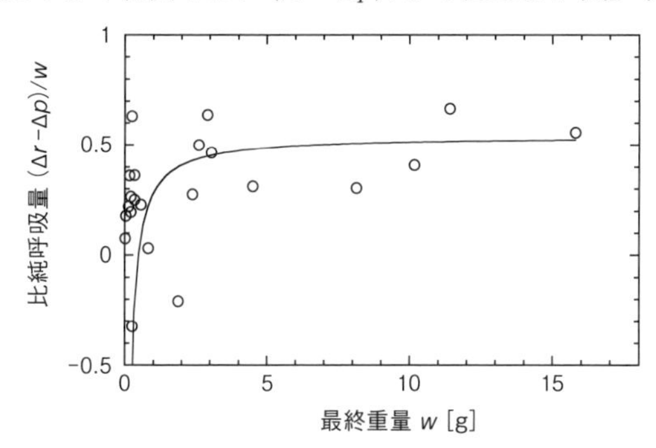

図7-5. 20種の樹木における繁殖器官における比呼吸量$(\Delta r - \Delta p)/w$と最終重量wとの関係
(Ogawa 2002)　図中の回帰曲線は(7.7)式を示す。

符号は正から負に変わり、wの大きい範囲では、$(\Delta r - \Delta p)/w$の値は一定となる(**図7-5**)。

また、(7.2)式と(7.4)式より、下式のような成長量Δwと純転流量$\Delta T\mathrm{r}$との間の直線関係が得られる。

$$\Delta w = \frac{a}{1+b} + \frac{1}{1+b}\Delta Tr \qquad (7.8)$$

ここで、定数$a/(1+b)$、$1/(1+b)$はそれぞれ0.168 g、0.650と計算された。また、同様に純呼吸量$\Delta r - \Delta p$と純転流量ΔTrの関係式も導き出せる。

$$\Delta r - \Delta p = -\frac{a}{1+b} + \frac{b}{1+b}\Delta Tr \qquad (7.9)$$

ここで、定数$b/(1+b)$は0.350と算出された。

定数$a/(1+b)$はΔTrが0の時の最終重量wを示す。ΔTrの実測値はすべて正の値なので(**表7-1**)、ΔTrの範囲が0より大きいことは妥当のようである。したがって、$\Delta T\mathrm{r} = 0$の時のwの値、$w = a/(1+b)$は繁殖器官の最終重量の最小値にほぼ等しい。(7.9)式において、$\Delta T\mathrm{r} > a/b$ならば$\Delta r - \Delta p$は正、$\Delta T\mathrm{r} < a/b$ならば$\Delta r - \Delta p$は負となる。また、$\Delta r - \Delta p = 0$でのΔTrの値は0.481 gと計算される。

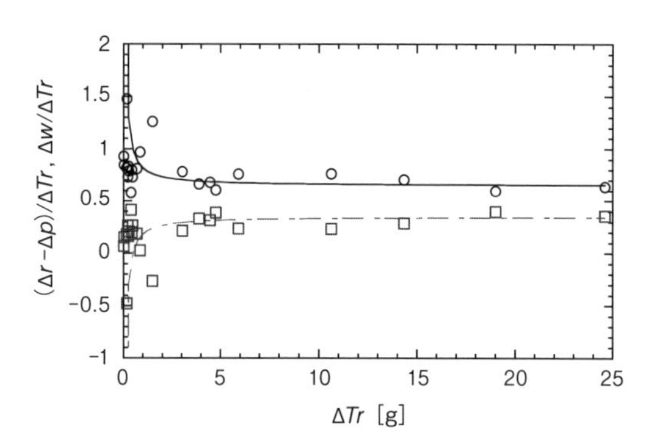

図7-6. 20種の樹木における繁殖器官における$\Delta w/\Delta Tr$比と転流量ΔTrとの関係および$(\Delta r - \Delta p)/\Delta Tr$比と転流量$\Delta Tr$との関係(Ogawa 2002)
図中の回帰曲線は(7.10)式(実線)、(7.11)式(破線)を示す。

(2) 転流量に対する繁殖器官の成長量比、純呼吸量比の相互関係

(7.8)式から、$\Delta w/\Delta T$rとΔTrとの関係が直角双曲線式で表される(**図7-6**)。

$$\frac{\Delta w}{\Delta Tr} = \frac{a}{1+b}\frac{1}{\Delta Tr} + \frac{1}{1+b} \qquad (7.10)$$

$\Delta w/\Delta T$r比はΔTrが0に近づくと、$\Delta T\mathrm{r} = a/b$付近のΔTrの範囲でほぼ1から急激に正の無限大に向かって増加する。一方、ΔTrの大きい範囲では、$\Delta w/$

ΔTr比は$1/(1+b)=0.650$という一定値を示す。

(7.10)式を変形すると、$(\Delta r-\Delta p)/\Delta Tr$と$\Delta Tr$との関係式が得られる。

$$\frac{\Delta r-\Delta p}{\Delta Tr}=\frac{a}{1+b}\frac{1}{\Delta Tr}+\frac{1}{1+b} \tag{7.11}$$

(7.11)式は(7.10)式と$y=1/2$に関して対称な関数である。$(\Delta r-\Delta p)/\Delta Tr$比は$\Delta Tr<a/b$のとき負の値を示し、$\Delta Tr$が0に近づくにつれて急激に負の無限大に達する。一方、$(\Delta r-\Delta p)/\Delta Tr$比は$\Delta Tr>b/a$の時、正の値を示し、$b/(1+b)=0.350$という一定値に達する。

7.5. 2つの気候帯における転流量の違い

温帯域に成育するクスノキ(Ogawa and Takano 1997)と熱帯域に成育するドリアン(Ogawa *et al.* 1996)において、果実重の成長速度$\Delta w/\Delta t$と転流速度

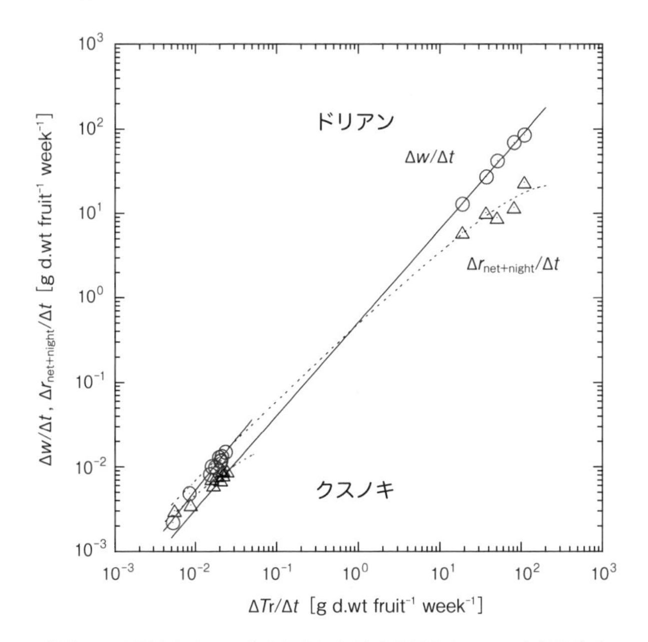

図7-7. ドリアンの果実とクスノキの果実における成長速度$\Delta w/\Delta t$と転流速度$\Delta Tr/\Delta t$との関係(○)および呼吸速度$\Delta r_{net+night}/\Delta t$と転流速度$\Delta Tr/\Delta t$との関係(△) (Ogawa *et al.* 1996)

図中の回帰直線は(7.12)式(実線)、(7.13)式(破線)を示す。

$\Delta Tr/\Delta t$との間には巾乗関係が成立する(**図7-7**)。

$$\frac{\Delta w}{\Delta t}=a\left(\frac{\Delta Tr}{\Delta t}\right)^{b} \tag{7.12}$$

ただし、a、bは係数で、クスノキの果実において、それぞれ1.323 g d.wt^{1-b} fruit^{b-1} week^{b-1}、1.202 ± 0.057 (SE)と、ドリアンの果実においてそれぞれ0.511 g d.wt^{1-b} fruit^{b-1} week^{b-1}、1.106 ± 0.046 (SE)と算出された。

一方、果実の呼吸速度$\Delta r_{\mathrm{net+night}}/\Delta t$と転流速度$\Delta Tr/\Delta t$との関係は(7.3)式と(7.12)式より下式のように求められる。

$$\frac{\Delta r_{\mathrm{net+night}}}{\Delta t}=\frac{\Delta Tr}{\Delta t}-a\left(\frac{\Delta Tr}{\Delta t}\right)^{b} \tag{7.13}$$

(7.13)式において、転流速度$\Delta Tr/\Delta t$が増加すると呼吸速度$\Delta r_{\mathrm{net+night}}/\Delta t$が増加することがわかる(**図7-7**)。

(7.12)式、(7.13)式より$\Delta w/\Delta Tr$比と$\Delta Tr/\Delta t$との関係(7.14)、$\Delta r_{\mathrm{net+night}}/\Delta Tr$と$\Delta Tr/\Delta t$との関係(7.15)が得られる。

$$\frac{\Delta w}{\Delta Tr}=a\left(\frac{\Delta Tr}{\Delta t}\right)^{b-1} \tag{7.14}$$

$$\frac{\Delta r_{\mathrm{net+night}}}{\Delta Tr}=1-a\left(\frac{\Delta Tr}{\Delta t}\right)^{b-1} \tag{7.15}$$

転流速度$\Delta Tr/\Delta t$が増加すると$\Delta w/\Delta Tr$比はわずかに増加し、また、$\Delta r_{\mathrm{net+night}}/\Delta Tr$比は減少する(**図7-8**)。

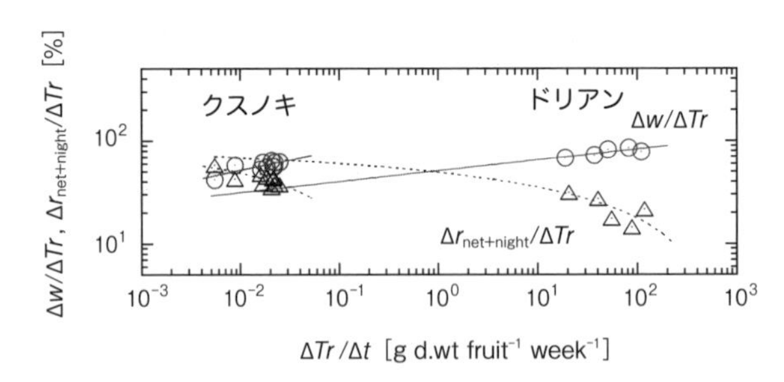

図7-8. ドリアンの果実とクスノキの果実における成長速度/転流速度比$\Delta w/\Delta Tr$と転流速度$\Delta Tr/\Delta t$との関係(○)および呼吸速度/転流速度比$\Delta r_{\mathrm{net+night}}/\Delta Tr$と転流速度$\Delta Tr/\Delta t$との関係(△) (Ogawa *et al.* 1996)

図中の回帰直線は(7.14)式(実線)、(7.15)式(破線)を示す。

(7.14)式、(7.15)式の回帰線からわかるように、熱帯域に成育するドリアンの果実は温度が高いため呼吸の占める割合が高く、そのため温帯域に成育するクスノキの果実と比べて転流量に占める成長量の割合が低くなる。

一方、実測値に基づくと、クスノキの果実の転流量に占める成長量の割合は43～62%で、ドリアンの果実の68～86%を下回っている。全成育期間でみるとドリアンの果実で80%、クスノキの果実で59%、また、スウェーデンの北方林に成育するヨーロッパアカマツの球果で67%(Linder and Troeng 1981)、ヨーロッパトウヒの球果で60～64%(Koppel *et al.* 1987)と報告されている。

第8章　転流と果軸サイズ

8.1.　果実重の成長速度と果軸断面積との関係

ドリアンの果実の平均重量wと果実を支える果軸の平均断面積sとの間には下式のような相対成長関係が成立する(**図8-1**)。

$$w = 55.86s^{2.820} \tag{8.1}$$

相対成長係数はほぼ3で、果実重は果軸断面積の3乗に比例していることがわかる。

また、果実の成長は果軸を通る光合成産物の移動である転流によって引き起こされていると考えられるので、果実の成長速度と果軸断面積は密接な関係にあることが推察される(Ogawa *et al.* 2007)。

その点をデータに基づいて調べてみると、平均の果実重の成長速度$\mathrm{d}w/\mathrm{d}t$と平均の果軸断面積sとの間には下式のような比例関係が成立する(**図8-2**)。

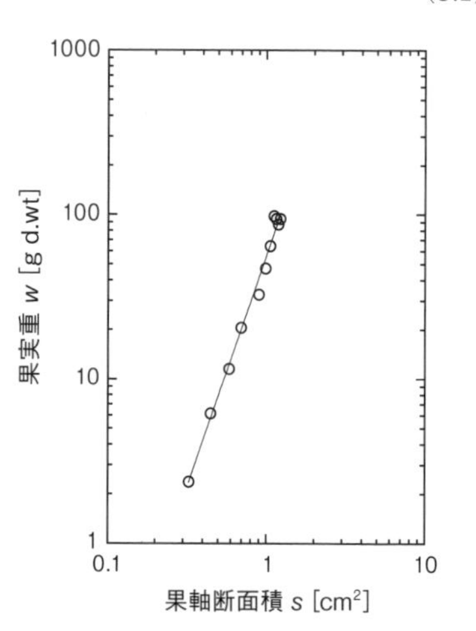

図8-1．ドリアンの果実における果実乾重wと果軸断面積sとの関係(Ogawa *et al.* 2007)　図中の回帰直線は(8.1)式を示す。

$$\frac{\mathrm{d}w}{\mathrm{d}t} = cs \tag{8.2}$$

比例定数cは14.57 g d.wt cm^{-2} fruit^{-1} week^{-1}となる。果実の活発な成長後、成長速度$\mathrm{d}w/\mathrm{d}t$は急激に減少し、最終的に負の値を示す。

(8.2)式より、単位果軸断面積あたりの成長速度$(\mathrm{d}w/\mathrm{d}t)/s$と果軸断面積$s$との関係、

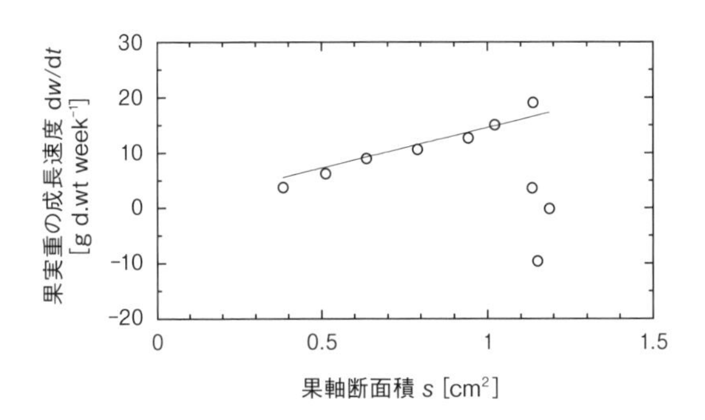

図 8-2.　ドリアンの果実の成長速度*dw/dt*と果軸断面積*s*との関係（Ogawa *et al.* 2007）
図中の回帰直線は(8.2)式を示す。

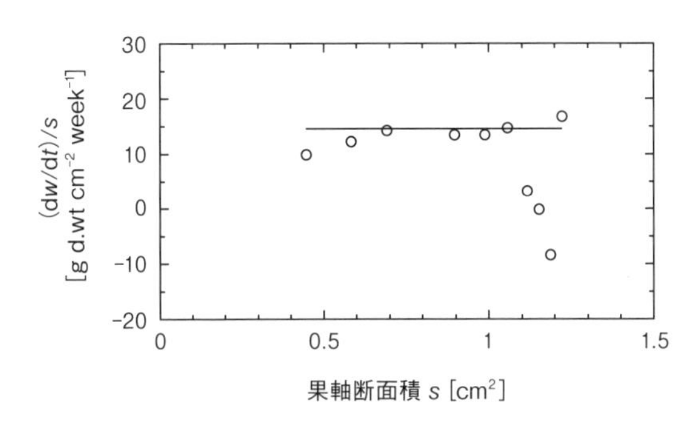

図 8-3.　ドリアンの果実の単位果軸断面積当たりの成長速度と果軸断面積*s*との関係
（Ogawa *et al.* 2007）図中の回帰直線は(8.3)式を示す。

$$\frac{\mathrm{d}w/\mathrm{d}t}{s} = c \tag{8.3}$$

が誘導され、$(\mathrm{d}w/\mathrm{d}t)/s$は果実の成長期には一定であることがわかる(**図 8-3**)。

8.2.　果実への転流速度と果軸断面積との関係

葉における光合成産物が果軸を通って果実に転流する速度$\Delta Tr/\Delta t$は果実重の成長速度$\Delta w/\Delta \mathrm{t}$に比例することがドリアンの果実でわかっている(Ogawa *et al.* 1996)。すなわち、

$$\frac{\mathrm{d}Tr}{\mathrm{d}t} \propto c\,\frac{\mathrm{d}w}{\mathrm{d}t} \tag{8.4}$$

(8.2)式と(8.4)式より、$\Delta Tr/\mathrm{d}t$はsに比例し、

$$\frac{\mathrm{d}Tr}{\mathrm{d}t} \propto \frac{\mathrm{d}w}{\mathrm{d}t} \propto s \tag{8.5}$$

となる。

(8.5)式は単位果軸断面積あたりの転流速度$(\mathrm{d}Tr/\mathrm{d}t)/s$が$(\mathrm{d}w/\mathrm{d}t)/s$と同様に、果実の成長期に一定であることを示す。

8.3. 負の果実重の成長速度

ドリアンの果実の成長速度$\mathrm{d}w/\mathrm{d}t$が成長終了時に示す負の値は果実から他の植物器官への物質の回収がおこっていることを示唆する。このような養分回収は落葉時の葉において観察されている(Kramer and Kozlowski 1979; Addicott 1982)。

もう一つ考えられる理由としては、成長休止期における呼吸による物質消費である。成熟したドリアンの果実は果実重の1.2～6.3％を呼吸により消費するので(Ogawa *et al.* 1995, 1996, 2005b)、無視することはできないであろう。

第9章　成長曲線の誘導

9.1.　成長モデルの開発

第7章で述べた果実における転流量推定のためのコンパートメントモデルを基に、(7.2)式によりCO_2ガス交換の昼夜連続測定が実施されたドリアンの果実の転流量が推定された。(7.2)式に基づけば成長速度$\Delta w/\Delta t$は下式のように示される(Ogawa 2009)。

$$\frac{\Delta w}{\Delta t}=\frac{\Delta T\mathrm{r}}{\Delta t}+\frac{\Delta p}{\Delta t}-\frac{\Delta r}{\Delta t} \qquad (9.1)$$

よって、(9.1)式は、

$$\frac{\mathrm{d}w}{\mathrm{d}t}=\frac{\mathrm{d}T\mathrm{r}}{\mathrm{d}t}+\frac{\mathrm{d}p}{\mathrm{d}t}-\frac{\mathrm{d}r}{\mathrm{d}t} \qquad (9.2)$$

と表すことができる。

(9.2)式の右辺の3項目が果実重wと巾乗関係にあると仮定すると、

$$\frac{\mathrm{d}w}{\mathrm{d}t}=aw^{l}+bw^{m}-cw^{n} \qquad (9.3)$$

となる。l、m、nは正の定数で、(9.3)式は転流速度を含む拡張されたベルタランフィ式(von Bertalanffy 1949)と呼べる。

(9.3)式の巾乗関係はドリアンの果実のデータに基づくと以下のようになる(**図9-1**)。

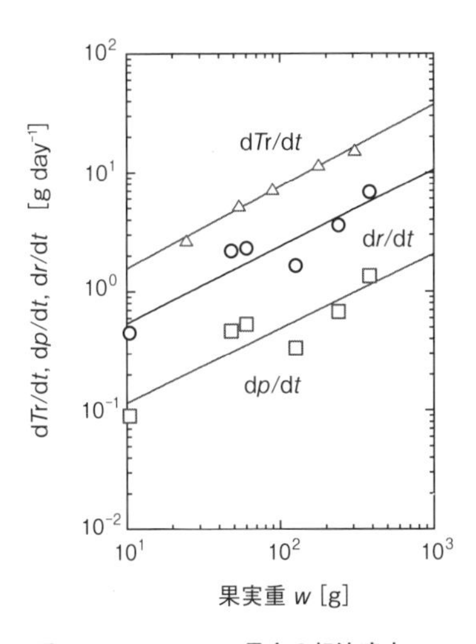

図9-1．ドリアンの果実の転流速度*dTr/dt*(△)、光合成速度*dp/dt*(□)、呼吸速度*dr/dt*(○)と果実乾重*w*との関係(Ogawa 2009を改変)

図中の回帰直線は(9.4)式(△)、(9.5)式(□)、(9.6)式(□)を示す。

$$\frac{\mathrm{d}T\mathrm{r}}{\mathrm{d}t} = 0.317w^{0.690} \qquad (R^2 = 0.993) \tag{9.4}$$

$$\frac{\mathrm{d}p}{\mathrm{d}t} = 0.0271w^{0.627} \qquad (R^2 = 0.800) \tag{9.5}$$

$$\frac{\mathrm{d}r}{\mathrm{d}t} = 0.122w^{0.647} \qquad (R^2 = 0.848) \tag{9.6}$$

9.2. ベルタランフィ式の誘導

ドリアンの果実において、$\mathrm{d}Tr/\mathrm{d}t$は$\mathrm{d}w/\mathrm{d}t$と比例関係にあり（Ogawa *et al.* 1996）、

$$\frac{\mathrm{d}T\mathrm{r}}{\mathrm{d}t} = p\frac{\mathrm{d}w}{\mathrm{d}t} \tag{9.7}$$

と表すことができる（**図9-2**）。pは比例定数で、1.240となる。同様のことが、クスノキの果実でも報告されおり、比例定数は1.681である（Ogawa and Takano 1997）。

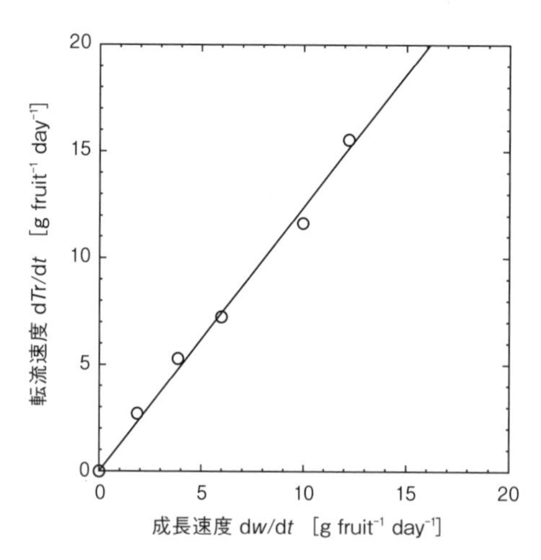

図9-2. ドリアンの果実における転流速度*dTr/dt*と成長速度*dw/dt*との関係（Ogawa 2009）
図中の回帰直線は(9.7)式を示す。

(9.3)式と(9.7)式より、

$$\frac{\mathrm{d}w}{\mathrm{d}t} = p\frac{\mathrm{d}w}{\mathrm{d}t} + bw^m - cw^n = Cw^n - Bw^m \tag{9.8}$$

ここで、$B = b/(p-1)\ (>0)$、$C = c/(p-1)\ (>0)$である。

(9.8)式より(9.7)式という比例関係が成立する場合、転流という同化(Cw^n)と呼吸という異化(Bw^m)の項からなる果実重に関したベルタランフィ式(von Bertalanffy 1949)が誘導される。

穂積(1997, 1998)は実験的証拠(Hijii 1986; Miyaura and Hozumi 1993)に基づいてベルタランフィ式にある種の一般化を施し、植物個体の成長速度が同化速度、異化速度、動物による被食速度の3つの項から成り立つことを提唱した。ドリアンの果実における(9.3)式および(9.8)式で示される関係は、果実などといった植物体の一部の器官においてもベルタランフィ式が成立する場合があり、穂積のいうベルタランフィ式の一般化の特殊な場合とみなされる。

9.3.　母樹の成長曲線の誘導

植物体全体の重さである母樹の重量yとある器官重wとの間には下式の相対成長関係、

$$y = gw^h$$

または、

$$\frac{1}{y}\frac{\mathrm{d}y}{\mathrm{d}t} = h\frac{1}{w}\frac{\mathrm{d}w}{\mathrm{d}t} \tag{9.9}$$

が成立する(Ogawa and Kira 1977; Niklas 1994)。

(9.8)式と(9.9)式より、yに関するベルタランフィ式が誘導され、果実重のベルタランフィ式から植物体全体の母樹の重量yを知ることができる。すなわち、

$$\frac{\mathrm{d}y}{\mathrm{d}t} = \gamma y^{(h+m-1)/h} - \beta y^{(h+m-1)/h} \tag{9.10}$$

である。ここで、$\beta = Bhg^{(1-m)/h}$、$\gamma = Bhg^{(1-n)/h}$となり、(9.8)式の解は以下の2つの場合で得られる(Hozumi 1985)。

(i) $(h+m-1)/h \neq 1$ のとき

$$y^{1-(h+m-1)/h} = \{1-(h+m-1)/h\}(\gamma-\beta)t + {y_0}^{1-(h+m-1)/h}$$

(ii) $(h+m-1)/h = 1$ のとき

$$y = y_0 e^{(\gamma-\beta)t}$$

ただし、y_0 は y の初期値である。

(ii)の場合の母樹の重さ y の指数関数的成長は、第1章4節(1-4)で述べた、結実したヒノキが4年生と非常に若い母樹であったことを考慮すれば妥当な y の解と言えよう。

おわりに

著者の大学院時代の指導教官であった故・穂積和夫先生(名古屋大学名誉教授)から紹介された*Forest Science*誌に掲載されたヨーロッパアカマツの球果の呼吸と光合成についての論文(Linder and Troeng 1981)を何度も読み直していたことを思い出す。穂積先生は球果の成長曲線がシグモイド型のきれいな曲線であったことから著者にその論文を紹介したことを随分時間がたってから言われた。当の著者は論文中の球果の光合成によるCO_2再固定(photosynthetic CO_2 refixation)が不思議な現象に思え、その論文を読んでいた。1981年に京都の国際会議場で開催されたユフロ(国際森林研究機関連合)の国際学会でスネ・リンダー教授と会い、その光合成の現象について尋ねたところ、親切に返答してもらい感激した次第である。

その後、名古屋大学構内の実験林に植栽したヒノキ幼齢木に球果が付着した。萩原秋男先生(当時名古屋大学助教授)の勧めもあり、夏場の成長が活発な時期にヒノキ球果を採取し、同化箱に詰め込んで、光合成測定を行った。この実際の測定により、繁殖器官の光合成・呼吸によるガス交換特性が明瞭に認識することができた。

学位取得後のスウェーデン農科大学(SLU)では、海外の研究者と初めての共同研究を経験した。そこでは、繁殖器官のCO_2交換特性に関する実験は行うことができなかったが、ヨーロッパアカマツの幹の呼吸測定をとおして、最先端の測定装置に触れることができ、その方面の知識も深まった。また、研究結果が国際誌*Scandinavian Journal of Forest Research*に論文として発表できたことは喜ばしい。

帰国後、初めての指導生となった鷹野宜則君とクスノキを材料として果実の光合成・呼吸について半年ほどの全成育期間を通じて実験を行った。この実験によりクスノキの果実がどの程度母樹から転流により光合成産物が供給されているかを知ることができた。

その後、マレーシア・日本共同プロジェクトにおいて、マレーシア農科大学

(UPM)でドリアンの繁殖器官の光合成や呼吸に関したCO_2ガス交換測定の実験を行う機会に恵まれた。測定装置は国立環境研究所(NIES)の古川昭雄博士(後に奈良女子大学教授)の尽力により、インタクト法による昼夜連続測定を実施することが可能となった。ただ、熱帯特有の雷をともなったにわか雨(スコール)による停電や電圧の低下を防ぐため、電圧安定器(スタビライザー)などを用意するなど大変な面もあった。また、ドリアンのほかにジャックフルーツも成長の測定を実施する樹種に追加された。

日本でも、今井俊輔君が4年の学部生の時に、再びクスノキを材料とし、繁殖器官と葉の光合成・呼吸を測ることにより、繁殖器官と葉の転流による光合成産物の量的バランスを明らかにした。その研究は、大学院で、学内の二次林の林床に生育するアオキを材料とした繁殖器官の物質収支の解明へと発展していった。また、学部4年生の磯村信行君、奥山慶君、伊藤綾美さん、山内綾花さんらの卒業論文研究を通じて多くの新しい発見を得ることができた。

このように本書を作成するにあたり、多くの方々の恩恵に与った。大学院時代からの指導では、故・穂積和夫名古屋大学教授、只木良也名古屋大学教授、萩原秋男琉球大学教授、スウェーデン農科大学ではスネ・リンダー教授、トーマス・ルンドマーク(Tomas Lundmark)教授、アンデッシュ・エリクソン(Anders Ericsson)教授、ビヨン・サンドバーグ(Björn Sundberg)教授、ジャーミー・フラワーエリス(Jeremy Flower-Ellis)教授、マレーシア・日本共同プロジェクトでは故・古川昭雄奈良女子大学教授、ムハマッド・アワング(Muhamad Awang) マレーシア農科大学教授、アーマッド・マモー・アブドラ(Ahmad Makmom Abdullah)同大学准教授で、ここに感謝する。リンダー教授からは貴重な写真を提供していただいた。また、本書の作成の機会を与えて下さり、辛抱強く編集の労を執って下さった海青社の編集部の方々に心から感謝する。

2021年3月

小川一治

引用文献

Addicott, F.T.: *Abscission*. University of California Press, Berkeley, 1982

Amthor, J.S.: *Respiration and crop productivity*. Springer, New York, 1989

Aschan, G. *et al.*: Photosynthetic performance of vegetative and reproductive structures of green hellebore (L. agg.). *Photosynthetica* 43: 55-64, 2005

Avila, E. *et al.*: Contribution of stem CO_2 fixation to whole-plant carbon balance in non-succulent species. *Photosynthetica* 52: 3-15, 2014

Axelsson, B. and Bråkenhielm S.: Investigation sites of SWECON—biological and physiological features. In: Persson T. (ed), *Structure and function of northern coniferous forests – an ecosystem study, Ecol. Bull.* (Stockholm) 32: 307-313, 1980

Bazzaz, F.A. *et al.*: Contribution to reproductive effort by photosynthesis of flowers and fruits. *Nature* 279: 554-555, 1979

Bergh, J. *et al.*: The effect of water and nutrient availability on the productivity of Norway spruce in northern and southern Sweden. *For. Ecol. Manage* 119: 51-62, 1999

von Bertalanffy L.: Problems of organic growth. *Nature* 163: 156-158, 1949

Berveiller, D. *et al.*: Interspecific variability of stem photosynthesis among tree species. *Tree Physiol.* 27: 53-61, 2007

Birkhold *et al.*: Carbon and nitrogen economy of developing rabbiteye blueberry fruit. *J Am. Soc. Hortic. Sci.* 117: 139-145, 1992

Blake, M.M. and Lenz, F.: Fruit photosynthesis. *Plant Cell Environ.* 12: 31-46, 1989

Boysen Jensen, P.: *Die Stoffproduktion der Pflanzen*. Gustav Fischer Verlag, Jena, 1932.(「植物の物質生産」, 門司正三・野本宣夫訳, 東海大学出版会, 東京, pp 21-134, 1982).

Cannell, M.G.R.: *Attributes of trees as crop plants.* Cannell M.G.R., Jackson J.E.(eds). Institute of Terrestrial Ecology, Huntinhton, pp. 160-193, 1985

Cipollini, M.L. and Levey, D.J.: Why some fruits are green when they are ripe: carbon balance in fleshy fruits. *Oecologia* 88: 371-377, 1991

Clement, C. *et al.*: Characteristics of the photosynthetic apparatus and CO_2-fixation in the flower bud of Lilium. I. Corolla. *Int. J. Plant Sci.* 158: 794-800, 1997

Coombe, B.G.: The development of freshy fruits. *Annu. Rev. Plant Physiol.* 27: 507-528, 1976

Damesin, C.: Respiration and photosynthesis characteristics of current-year stems of

Fagus sylvatica: from the seasonal pattern to an annual balance. *New Phytol.* 158: 465–475, 2003

Dick, J. McP. *et al.*: Respiration rate of male and female cones of *Pinus contorta*. *Trees* 4: 142–149, 1990

Dickmann, D.I. and Kozlowski, T.T.: Mobilization by *Pinus resinosa* cones and shoots of C^{14}-photosynthate from needles of different ages. *Am. J. Bot.* 55: 900–906, 1968

Dickmann, D.I. and Kozlowski, T.T.: Photosynthesis by rapidly expanding green strobili of *Pinus resinosa*. Life Sci. 9: 549-552, 1970

Eis, S. *et al.*: Relation between cone production and diameter increment of Douglas fir (*Pseudotsuga menziesii* (Mirb.) Franco), grand fir (*Abies grandis* (Dougl.) Lindl.), and western white pine (*Pinus monticola* Dougl.). *Can. J. Bot.* 43: 1553–1559, 1965

Evans, G.C.: *The quantitative analysis of plant growth*. Blackwell, Oxford, 1972

Flower-Ellis, J.G.K. *et al.*: Structure and growth of some young Scots pine stands: (1) dimensional and numerical relationships. *Swed. Conif. Forest Proj. Tech. Rep.* 3, 98 p., 1976

Foote, K.C. and Scaedle, M.: Physiological characteristics of photosynthesis and respiration in stems of *Populus tremuloides* Michx. *Plant Physiol.* 58: 91–94, 1976

Furukawa, A. *et al.*: *Tropical rain forest ecosystem and biodiversity in Peninsular Malaysia* (Research report of the NIES/FRIM/UPM joint research project 1993–1995), pp. 100–104, 1996

Hagihara, A. and Hozumi, K.: An estimation of the photosynthetic production of individual trees in a *Chamaecyparis obtusa* plantation. *Tree Physiol.* 1: 9–20, 1986

Hagihara, A. *et al.*: *Allometric relations in hinoki* (*Chamaecyparis obtusa* (*Sieb. et Zucc.*) *Endl.*) *trees. Bull. Nagoya Univ. For.* 12: 11–29, 1993

Hasegawa, S. *et al.*: Carbon autonomy of reproductive shoots of Siberian alder (*Alnus hirsuta* var. siberica). *J. Plant Res.* 116: 183–188, 2003

橋詰隼人ほか: 図説 実用樹木学, 朝倉書店, 東京, 1998

Hijii, N.: Density, biomass, and guild structure of arboreal arthropods as related to their inhabited tree size in a *Cryptomeria japonica* plantation. *Ecol. Res.* 1: 97–118, 1986

Hoch, G.: Fruit-bearing branches are carbon autonomous in mature broad-leaved temperate forest trees. *Plant Cell Environ.* 28: 651–659, 2005

Hori, Y. and Tsuge, H.: Photosynthesis of bract and its contribution to seed maturity in *Carpinus laxiflora*. *Ecol. Res.* 8: 81–83, 1993

Hozumi, K.: Phase diagrammatic approach to the analysis of growth curves using the *u-w* diagram – basic aspects-. *Bot. Mag. Tokyo* 98: 239–250, 1985

穂積和夫：Bertalanffy 成長式の拡張. 産業と経済(奈良産業大学経済学部)10: 73–78, 1997

穂積和夫：一般化Bertalanffy成長式における成長の特性量．産業と経済(奈良産業大学経済学部)12: 87-94, 1998

Hozumi, K. and Kurachi, N.: Estimation of seasonal changes in translocation rates in leaves of a Japanese larch stand. *Bot. Mag. Tokyo* 104: 25-36, 1991

Hunt, R.: *Plant growth analysis*. Edward Arnold, London, 1978

Hunt, R.: *Plant growth curves*. Edward Arnold, London, 1982

Hunt, R.: *Basic growth analysis*. Unwin Hyman, London, 1990

磯村信行: 果実成長と種子形成, 卒業論文, 名古屋大学, 1997

今井俊輔: 落葉樹二次林に生育する雌雄異株の低木アオキにおけるシュートレベルでの炭素獲得特性, 修士論文, 名古屋大学, 2008

Imai, S. and Ogawa, K.: Quantitative analysis of carbon balance in the reproductive organs and leaves of *Cinnamomum camphora* (L.) Presl. *J. Plant Res.* 122: 429-437, 2009

伊藤綾美: クスノキ果実の成長と落下の季節変化, 卒業論文, 名古屋大学, 2002

Janet, M.D. *et al.*: Respiration rate of male and female cones of *Pinus contorta. Trees* 4: 142-149, 1990

Jones, H.G.: Carbon dioxide exchange of developing apple (*Malus pumila* Mill.) fruits. *J. Exp. Bot.* 32: 1203-1210, 1981

Kenzo, T. *et al.*: Photosynthetic activity in seed wings of Dipterocarpaceae in a masting year: does wing photosynthesis contribute to reproduction? *Photosynthetica* 41: 551-557, 2003

Khan, M.N.I *et al.*: Interception of photosynthetic photon flux density in a mangrove stand of *Kandelia candel* (L.) Druce. *J. For. Res.* 9: 205-210, 2004

Kikuzawa, K.: Leaf survival and evolution in Betulaceae. *Ann. Bot.* 50: 345-353, 1982

Kikuzawa, K.: Leaf survival of woody plants in deciduous broad-leaved forests. I. Tall trees. *Can. J. Bot.* 61: 2133-2139, 1983

菊沢喜八郎: 植物の繁殖生態学, 蒼樹書房, 東京, 1995

Koppel *et al.*: Respiration and photosynthesis in cones of Norway spruce (*Picea abies* L. Karst.). *Trees* 1: 123-128, 1987

Kozlowski, T.T.: Carbohydrate sources and sinks in woody plants. *Bot. Rev.* 58: 107-222, 1992

Kramer, P.J. and Kozlowski, T.T.: *Physiology of woody plants*. Academic Press, New York, 1979

熊沢正夫: 植物器官学, 裳華房, 東京, 1980

Kusumoto, T.: An ecological analysis of the distribution of broad-leaved evergreen trees, based on the dry matter production. *Jpn. J. Bot.* 17: 307-331, 1961

Larcher, W.: *Physiological plant ecology*, 4thed. Springer, Berlin, 2001

Leopold, A.C.: *Plant growth and development.* McGraw-Hill, New York, 1964

Leopold, A.C. and Kriedemann, P.E.: *Plant growth and development,* 2 nded. McGraw-Hill, New York, 1975

Li-Cor. 2021. Using the LI-6400/XT; Instruction manual for software version 6. https://www.licor.com/documents/s8zyqu2vwndny903qutg

Linder, S.: Photosynthesis and respiration in conifers. A classified reference list 1891-1977. *Stud. For. Suec.* 149: 1-71, 1979

Linder, S.: Photosynthesis and respiration in conifers. A classified reference list, supplement 1. *Stud. For. Suec.* 161: 1-32, 1981

Linder, S.: Foliar analysis for detecting and correcting nutrient imbalances in Norway spruce. *Ecol. Bull.* (Copenhagen) 44: 178-190, 1995

Linder, S. and Flower-Ellis, J.G.K.: *Responces of forest ecosystems to environmental changes.* In: Teller, A., Mathy, P., Jeffers, J.N.R.(eds), *Environmental and physiological constraints to forest yield,* Elsevier, Amsterdam, pp. 149-164, 1992

Linder, S. and Troeng, E.: The seasonal course of respiration and photosynthesis in strobili of Scots pine. *For. Sci.* 27: 267-276, 1981

Linder, S. *et al.*: A gas exchange system for field measurements of photosynthesis and transpiration in a 20-year-old stand of Scots pine. *Swed. Conif. Forest Proj. Tech. Rep.* 23, 34 p., 1976 1980

Lindgren *et al.*: External factors influencing female flowering in *Picea abies* (L.) Karst. *Stud. For. Suec.* 142: 1-53, 1977

松本陽介・根岸賢一郎：林内および伐採跡地に生育するシラベ前生稚樹の光合成・呼吸. 日林誌 64: 165-176, 1982

Miyaura, T. and Hozumi, K.: A growth model of a single sugi (*Cryptomeria japonica*) tree based on the dry matter budget of its above ground parts. *Tree Physiol.* 13: 263-274, 1993

Mori, S. and Hagihara, A.: Gross photosynthetic production of individual trees in a *Chamaecyparis obtusa* plantation. *Bull. Nagoya Univ. For.* 11: 1-14, 1991

Möller, C.M. *et al.*: Graphic presentation of dry matter production of European beech. *Det. forstl. Forsøgsv. i Danmark* 21: 327-335, 1954

Negisi K.: Photosynthesis, respiration and growth in one-year-old seedlings of *Pinus densiflora, Cryptomerian japonica* and *Chamaecyparis obtusa. Bull. Tokyo Univ. For.* 62: 1-115, 1966

Niklas, K.: *Plant allometry.* University of Chicago Press, 1994

Ninomiya, I. and Hozumi, K.: Respiration of forest trees. I. Measurement of respiration in *Pinus densi-thunbergii* Uyeki by an enclosed standing tree method. *J. Jpn. For. Soc.* 63: 8-18, 1981

Ninomiya, I. and Hozumi, K.: Respiration of forest trees. II. Measurement of nighttime respiration in a *Chamaecyparis obtusa* plantation. *J. Jpn. For. Soc.* 65: 193-200, 1983

Obeso, J.R.: The costs of reproduction in plants. *New Phytol.* 155: 321-348, 2002

Ogawa, H. and Kira T.: *Methods of estimating forest biomass.* In: Kira T., Shidei T.(eds), *Primary productivity of Japanese forests,* University of Tokyo Press, pp. 15-25, 35-36, 1977

小川一治: 苗畑に成育するヒノキ苗の成長および物質生産, 博士論文, 名古屋大学, 1988

Ogawa, K.: Quantitative analysis of carbon balance for reproduction in woody species. *J. Plant Res.* 115: 449-453, 2002

Ogawa, K.: Estimation of the carbon balance during reproduction in woody plants. *Recent Res. Devel. Environ. Biol.* 1: 1-14, 2004

Ogawa, K.: Stem respiration is influenced by pruning and girdling in *Pinus sylvestris. Scand. J. For. Res.* 21: 293-298, 2006

Ogawa, K.: Consideration of translocation into a growth model of a plant organ. *Ecol. Model.* 220: 1492-1494, 2009

Ogawa, K. and Takano Y.: Seasonal courses of CO_2 exchange and carbon balance in fruits of *Cinnamomum camphora. Tree Physiol.* 17: 415-420, 1997

Ogawa, K. *et al.*: Growth analysis of a seedling community of *Chamaecyparis obtusa.* (I) Respiration consumption. *J. Jpn. For. Soc.* 67: 218-227, 1985

Ogawa, K. *et al.*: Photosynthesis and respiration in cones of hinoki (*Chamaecyparis obtusa*). *J. Jpn. For. Soc.* 70: 220-226, 1988

Ogawa, K. *et al.*: In situ CO_2 gas-exchange in fruits of a tropical tree, *Durio zibethinus* Murray. *Trees* 9: 241-246, 1995a.

Ogawa, K. *et al.*: Morphological and phenological characteristics of leaf development of *Durio zibethinus* Murray (Bombacaceae). *J. Plant Res.* 108: 511-515, 1995b

Ogawa, K. *et al.*: Analysis of translocatory balance in durian (*Durio zibethinus*) fruit. *Tree Physiol.* 16: 315-318, 1996

Ogawa, K. *et al.*: Diurnal CO_2 exchange variation in evergreen leaves of the tropical tree, durian (*Durio zibethinus* Murray). *Tropics* 13: 17-24,2003

Ogawa, K. *et al.*: Phenological characteristics of reproduction and seed formation in *Durio zibethinus* Murray. *Tropics* 14: 221-228, 2005a

Ogawa, K. *et al.*: Diel changes in the CO_2 exchange rates of reproductive organs of the tropical tree *Durio zibethinus. J. Plant Res.* 118: 187-192, 2005b

Ogawa, K. *et al.*: Relationship between fruit growth and peduncle cross-sectional area in durian (*Durio zibethinus* Murray). *Ecol. Model.* 200: 254-258, 2007

奥山慶: クスノキのシュートレベルにおける転流バランス, 卒業論文, 名古屋大学, 1997

Pavel, E.W. and DeJong, T.M.: Estimating the phosynthetic contribution of developing peach (*Pinus persica*) fruits to their growth and maintenance carbohydrate requirement. *Physiol. Planta* 88: 331-338, 1993

Pfanz, H. *et al.*: Ecology and ecophysiology of tree stems: corticular and wood photosynthesis. *Naturwissenscahten* 89: 147-162, 2002

Proietti, P. *et al.*: Gas exchange in olive fruit. *Photosynthetica* 36: 423-432, 1999

Rook, D.A. and Sweet, G.B.: Photosynthesis and photosynthate distribution in Douglas-fir strobili grafted to young seedlings. *Can J. Bot.* 49: 13-17, 1971

Schaedle, M.: Tree photosynthesis. *Annu. Rev. Plant Physiol.* 26: 101-115, 1975

Schaedle, M. and Foote, K.C.: Seasonal changes in the photosynthetic capacity of *populus tremuloides* bark. *For. Sci.* 17: 308-313, 1971

篠崎吉郎・穂積和夫: 生長の研究.「植物生態学上」(吉良竜夫編), pp 233-236, 古今書院, 東京, 1960

Sprugel, D.G. and Benecke U.: Measuring woody-tissue respiration and photosynthesis. In: Lassoie, J.P., Hinckley, T.M.(eds), *Techniques and approaches in forest tree ecophysiology*, CRC Press, Boca Raton, pp. 329-355, 1991

Sprugel, D.G. *et al.*: The theory and practice of branch aoutonomy. *Annu. Rev. Ecol. Syst.* 22: 309-334, 1991

Sprugel, D.G. *et al.*: Respiration from the organ level to the stand. In: Smith W.K., Hinckley T.M.(eds), *Resource physiology of conifers,* Academic Press, San Diego, pp. 255-299, 1995

鈴木久雄・小林義雄: ヒノキ属 *Chamaecyparis* Spach.「日本の樹木種子　針葉樹編」(浅川澄夫・勝田柾・横山敏孝編), pp 105-114, 日本育種協会, 東京, 1981

只木良也ほか:森林の生産構造に関する研究(XIX)シラカンバ林のクロロフィル量とその分布. 日林誌 66: 93-98, 1984

只木良也ほか: 森林の生産構造に関する研究(XX)ハンノキ幼齢林の一次生産力. 日林誌 69: 207-214, 1987

Tappeiner, J.C.: Effect of cone production on branch, needle, and xylem ring growth of Sierra Nevada Douglas-fir. *For. Sci.* 15: 171-174, 1969

Teich, A.H.: Growth reduction due to cone crops on precocious white spruce provenances. *Bi-monthly Res. Notes Can. For. Serv.* 31: 6, 1975

Tarvainen, L. *et al.*: Photosynthetic refixation varies along the stem and reduces CO_2 efflux in mature boreal *Pinus sylvestris* trees. *Tree Physiol.* 38: 558-569, 2018

牛島忠広ほか: 植物の生産過程測定法, 共立出版, 東京, 1981

Wang, W. *et al.*: Carbon dioxide exchange of larch (*Larix gmelinii*) cones during development. *Tree Physiol.* 26: 1363-1368, 2006

Wareing, P.F. and Patrick, J.: Source-sink relations and the partition of assimilates in the plant. In: Rees A.R., Cockshull, K.E., Hand, D.W., Hurd, R.G.(eds), *Crop processes in controlled environments*, Academic Press, London, pp. 7–30, 1975

Watson, D.J.: The physiological basis of variation in yield. *Adv. Agron.* 4: 101-154, 1952

Werk, K.S. and Ehleringer, J.R.: Photosynthesis by flowers in *Encelia farinosa* and *Encelia califonica* (Asteraceae). *Oecologia* 57: 311-315, 1983

Whiley, A.W. *et al.*: Carbon dioxide exchange of developing avocado (*Persea americana* Mill.) fruit. *Tree Physiol.* 11: 85–94, 1992

Williams, K. *et al.*: The carbon balance of flowers of *Diplacus aurantiacus* (Scrophulariaceae). *Oecologia* 66: 530–535, 1985

Wittmann, C. and Pfanz, H.: General trait relationships in stems: a study on the performance and interrelationships of several functional and structural parameters involved in corticular photosynthesis. *Physiol. Plant.* 134: 636–648, 2008

山内綾花: 常緑樹クスノキの葉の成長と形態的特性，卒業論文，名古屋大学, 2013

索　　引

樹種名

一般項目

あ 行

か 行

さ 行

た　行

な　行

は　行

ま 行

や 行

ら 行

● 著者紹介

小川一治（おがわ　かずはる）

1958年岐阜県生まれ。1981年名古屋大学農学部林学科卒。同大学院修了、農学博士。スウェーデン農科大学（SLU）生態環境学科客員研究員、名古屋大学農学部助手、同大学大学院生命農学研究科助教を経て、2016年より同研究科講師。専門は森林生態学、森林生態生理学。主な著書に *Recent Research Developments in Environmental Biology*（Research Signpost, 分担）、*New Research on Forest Ecology*（Nova Science, 分担）がある。

Growth and Carbon Balance in Reproductive Organs of Woody Plant Species
by Kazuharu OGAWA

じゅもくはんしょくきかんのぶっしつしゅうし
樹木繁殖器官の物質収支

発 行 日：2021年7月20日 初版第1刷
定 　 価：カバーに表示してあります
著 　 者：小 川 一 治
発 行 者：宮 内 　 久

海青社
Kaiseisha Press
〒520-0112 大津市日吉台2丁目16-4
Tel. (077) 577-2677 Fax (077) 577-2688
http://www.kaiseisha-press.ne.jp
郵便振替　01090-1-17991

ISBN978-4-86099-393-1 C3061 Printed in JAPAN. 印刷･製本：亜細亜印刷株式会社
落丁･乱丁の場合は弊社までご連絡ください。送料弊社負担にてお取り替えいたします。

＊本書中で撮影者／提供者が明記されている写真以外は、著者が撮影したものです。